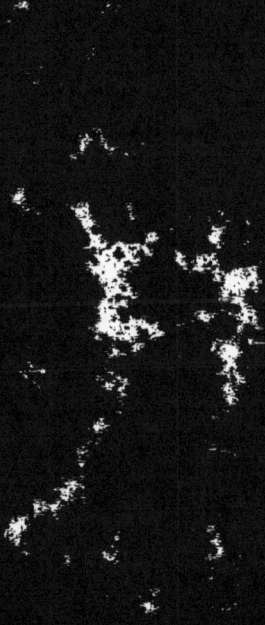

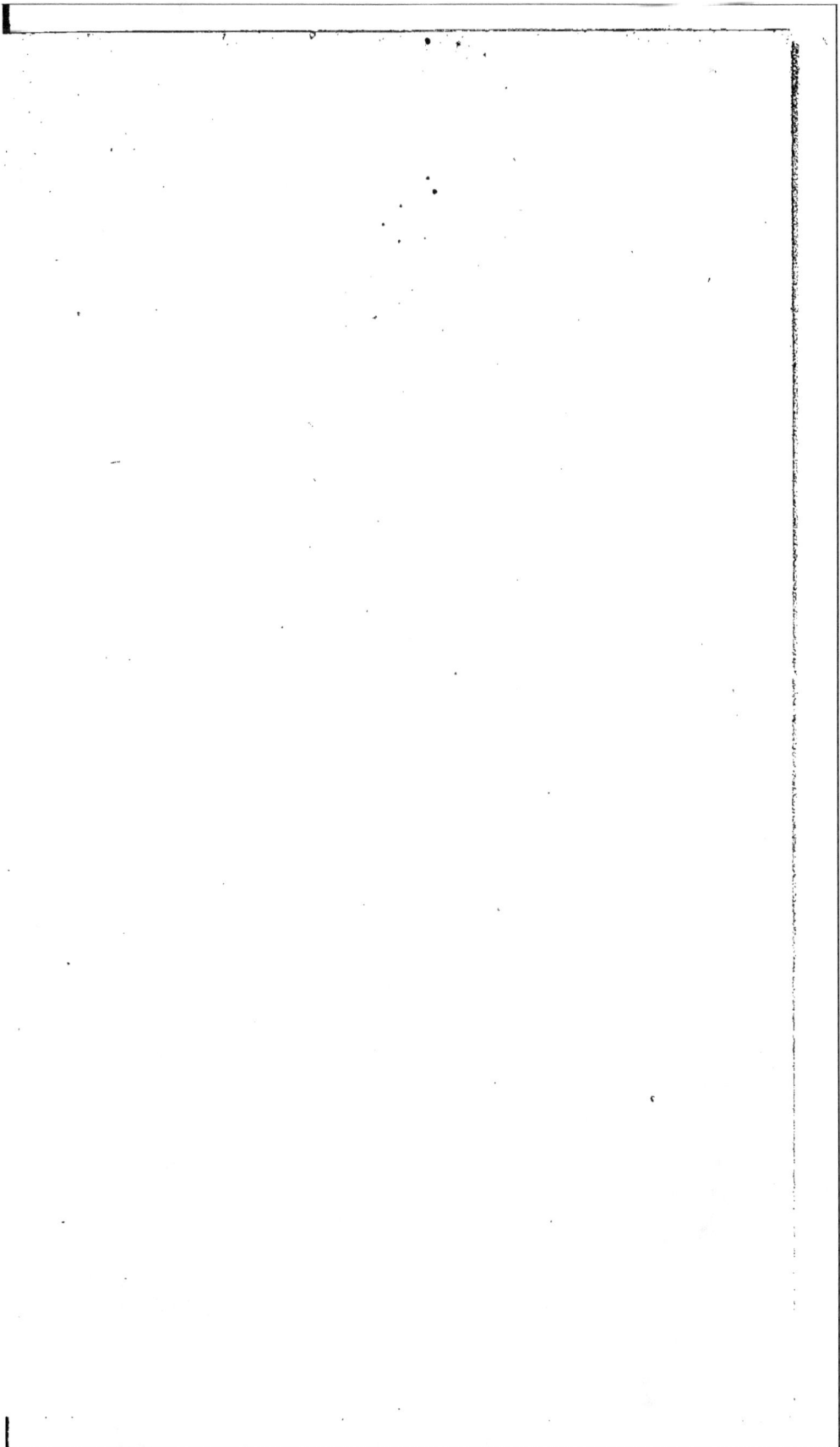

L'AGRICULTURE

DÉLIVRÉE

OU

MOYENS FACILES

DE

RETIRER DE LA TERRE QUATRE FOIS PLUS DE REVENU
QU'ELLE N'EN RAPPORTE GÉNÉRALEMENT,

SUIVIS

DE LA MANIÈRE DE CULTIVER UNE PLANTE PEU CONNUÉ, DONT LA PREMIÈRE
RÉCOLTE PAIE LE SOL QUI L'A PRODUITE ;

CET OUVRAGE APPREND AUSSI A PRÉSERVER LES CHEVAUX ET LES MULETS
DE LA FLUXION PÉRIODIQUE ;

PAR EUGÈNE GROLLIER,

Ex-Bâtonnier de l'Ordre des Avocats, qui a été honoré, comme agriculteur et pour
avoir composé ce livre, de plusieurs Médailles, dont une d'or lui a
été décernée par M. le Ministre de l'Agriculture.

Ce volume est le complément de l'Ouvrage du même auteur,
intitulé : *Traité d'Agriculture à l'usage des écoles.*

La véritable richesse des nations se fonde
essentiellement sur l'exploitation du sol.
(DEZEIMERIS.)

2e ÉDITION.

Prix franco : 8 fr.

A MONCONTOUR-DE-BRETAGNE,

Arrondissement de Saint-Brieuc (Côtes-du-Nord), **CHEZ L'AUTEUR.**

—

1860.

Tout exemplaire non revêtu de la griffe de l'auteur sera considéré comme contrefait, et tout contrefacteur ou débitant de contrefaçons sera poursuivi selon la rigueur de la loi.

E. Grollemont

Rennes, Typ. Oberthur.

NOTICE

Concernant les récompenses honorifiques accordées à diverses époques

A M. Eugène GROLLIER,

AGRICULTEUR PRATICIEN,

Membre titulaire du Comice agricole de Moncontour-de-Bretagne, de la Société
d'Agriculture de Ploërmel, et Membre correspondant des Comices agricoles et des
Sociétés d'Agriculture : d'Angoulême, de Bourg, de Caen, de Boulogne-sur-
Mer, de Grenoble, de l'Ariége, de Troyes, de Rochefort-sur-Mer, de La Ro-
chelle, de Toulon (Var) et de la Gironde.
Jugement porté sur les ouvrages de cet auteur par les Commissions de Sociétés
d'Agriculture de Paris, de Londres et de plusieurs autres villes de premier ordre.

————

Une médaille d'argent lui a été décernée, le 10 août 1845, par un 1re Médaille.
jury présidé par M. le Maire de Poitiers, d'après le rapport de M. Béra,
avocat général, membre du Conseil municipal, de la Société d'Agriculture, Belles-Lettres, Sciences et Arts, secrétaire rapporteur.

Une seconde médaille d'argent lui a été délivrée par une commis- 2e Médaille.
sion composée de huit membres du Comice agricole de Couhé, qui
avait été nommée pour visiter les exploitations les mieux dirigées.
Voici un extrait du registre des délibérations de ce Comice, qui
constate ce fait :

« L'an mil huit cent quarante-sept, et le 8 novembre, le bureau
d'administration s'est réuni sur les onze heures, etc.

» M. le Président a fait connaître le résultat du travail de la commission chargée de visiter les exploitations les mieux dirigées, entre-
tenant le mieux la plus forte proportion du meilleur bétail.

» Votre commission a trouvé que l'exploitation de M. Eugène Grollier
était tout exceptionnelle et s'éloignait entièrement des méthodes usitées
dans le pays ; elle a pensé que cette exploitation, qui déjà donne de
grandes espérances, ne pouvait pas entrer en comparaison avec toutes
celles qu'elle avait été appelée à visiter, et que les efforts de M. Grollier méritent une récompense particulière ; elle lui a donc décerné
une médaille d'argent, en dehors du programme.

» Fait à Couhé, les jour, mois et an ci-dessus.

» Signé : C. DESMAREST, *secrétaire;* LARCLAUSE, *président.* »

3ᵉ Médaille. — Une médaille d'or a été accordée à M. Eugène Grollier, par Son Exc. le Ministre de l'Agriculture, d'après le rapport de M. Dombasle, inspecteur d'agriculture. Voici la copie de la lettre qu'il a reçue, à cette occasion, du Ministère.

Paris, le 31 mars 1849.

A Monsieur Eugène GROLLIER, *agriculteur à Sabouraux* (*Vienne*).

« MONSIEUR,

» J'ai l'honneur de vous annoncer que j'adresse aujourd'hui même à M. le Préfet de la Vienne la médaille d'or qui vous a été accordée cette année par l'Administration de l'Agriculture, en récompense de vos utiles expériences et des louables efforts que vous avez faits pour introduire dans le pays où vous vous êtes fixé des industries agricoles nouvelles, qui sont dignes d'encouragement.

» Recevez, Monsieur, l'assurance de ma considération distinguée.

» *Le Ministre de l'Agriculture et du Commerce,*

» L. BUFFET. »

Extrait du procès-verbal de la séance générale du 25 juin 1854 de la Société pour l'Instruction élémentaire, *fondée à Paris en 1815, reconnue établissement d'utilité publique, ordonnance du 27 avril 1831.*

Paris, 25 juin 1854.

4ᵉ Médaille. — « La *Société pour l'Instruction élémentaire,* réunie en assemblée générale le 25 juin 1854, après avoir entendu le rapport de M. Waille, au nom des comités des livres et des méthodes, décide qu'une médaille de bronze sera décernée à M. GROLLIER, pour son ouvrage intitulé TRAITÉ D'AGRICULTURE A L'USAGE DES ÉCOLES, et M. le Président remet cette médaille à l'auteur, au milieu des applaudissements de l'assemblée.

» Pour copie conforme :

» *Le Rapporteur,* WAILLE.

» *Le Président,* A. MICHELOT.

» GODART, DE SAPONAY, JOMARD, P. Hon. »

Extrait du n° 10 (octobre 1854) des Annales de la Société universelle pour l'encouragement des arts et de l'industrie, dont le siége est à Londres, Torington-Square, n° 58.

Séance du 14 octobre 1854.

La parole est donnée à M. le Rapporteur du Comité d'Agriculture sur deux ouvrages publiés par M. GROLLIER, et offerts par lui à la Société.

5ᵉ Médaille.

« Messieurs,

» Vous avez saisi votre Comité d'Agriculture de l'examen de deux ouvrages publiés par M. Grollier, agronome français, et intitulés, le premier *l'Agriculture délivrée*, et le second *Traité d'Agriculture à l'usage des écoles.*

» Votre Comité a étudié ces ouvrages avec d'autant plus de soin qu'il y a pris plus de plaisir. Les qualités spéciales qui font le mérite de ces deux publications y sont développées à un point qui leur donne un haut degré d'utilité.

» M. Grollier a eu pour but de rendre à l'Agriculture le rang qu'elle doit occuper parmi les sources de richesse de la France, en apprenant aux praticiens les moyens de retirer de la terre beaucoup plus de revenu qu'elle n'en rapporte généralement. Homme de théorie, au fait des principes de la science agronomique, il a demandé à la pratique la confirmation de ses prévisions. Son exploitation de Sabouraux (Vienne), est devenue le champ de ses expériences, et ce n'est que lorsqu'il a eu recueilli lui-même le fruit de ses persévérants et sans doute dispendieux essais, ce n'est qu'après avoir vu sanctionner la direction imprimée à ses travaux de culture, par les récompenses supérieures des Comices agricoles et du Ministre de l'Agriculture, c'est seulement alors que, bien certain des faits utiles qu'il avait le désir de propager, M. Grollier est venu, les calculs en main, enseigner aux habitants des campagnes à utiliser le sol abandonné à leur exploitation.

» En parcourant les ouvrages de M. Grollier, on éprouve un étonnement mêlé de regret. On s'étonne des ressources inouïes que l'Agriculture offre aux petits capitaux, on s'étonne de voir la première de toutes les sciences rester stationnaire dans la pratique, et l'on regrette l'improductivité du sol, due presque toujours à la routine et à l'indolence. Ce qui frappe dans l'ouvrage de M. Grollier, c'est le minutieux détail avec lequel il apprécie les revenus que peut fournir une exploitation bien conduite. Lorsqu'il présente un moyen nouveau de faire produire à la terre un revenu assuré, il semble redouter une chance d'erreur qui pourrait être au détriment de celui dont il réclame la confiance. Aussi voyez avec quelle conscience il établit, par ses propres expériences, la vérité de ses balances. Vous pouvez vous laisser guider sans crainte ; car, dans tous les calculs qui vous sont présentés, l'auteur a eu le soin *d'exagérer les dépenses, d'affaiblir les produits, en sorte qu'il est toujours probable que vous aurez plus de revenu qu'il ne vous en promet.*

» Les ouvrages de M. Grollier n'ont pas la prétention des ouvrages de haute théorie. Ce ne sont point des traités didactiques, des dictionnaires complets d'Agriculture, des éditions nouvelles de la Maison rustique. Avec moins de prétention à la science, les ouvrages de M. Grollier sont plus utiles : ils s'adressent aux hommes de pratique et non aux académiciens. Les premiers y trouvent de bons conseils pour tout ce qui les concerne. Ces conseils ne sont autre chose que la reproduction écrite des moyens pratiqués tous les jours par M. Grollier, chez lui-même. M. Grollier vous fait parcourir ses fermes ; ses livres de compte à la main, il vous fait remarquer ses succès, vous explique la manière d'en obtenir de semblables ; il vous dit combien lui coûtent ses bestiaux, et combien il les vend plus tard au marché, après les avoir soumis à un régime à la fois économique et productif ; il vous révèle les moindres détails de son existence rurale, en sorte qu'après avoir écouté M. Grollier, vous restez persuadé et convaincu de la vérité des règles établies par un homme qui prêche l'exemple, et vous êtes entraîné à faire comme lui.

» Ainsi, le grand mérite des ouvrages de M. Grollier, c'est de ramener les esprits vers l'Agriculture, par les deux plus puissants mobiles des actions humaines, l'attrait et l'intérêt. Comment résister à un homme qui vous montre qu'à la campagne il est si facile d'être heureux moralement et matériellement.

» Votre Comité, Messieurs, a été vivement intéressé par la lecture attrayante des ouvrages de M. Grollier ; bien convaincu que ces ouvrages tendent à la moralisation de la société, en cherchant à ramener aux travaux agricoles cette partie de la population qui les abandonne tous les jours, pour trouver ailleurs une existence heureuse, qu'ils peuvent si aisément réaliser à la campagne. Votre Comité regrette de ne pouvoir qu'encourager M. Grollier dans son œuvre éminemment civilisatrice. Il eût désiré posséder des moyens plus actifs de populariser et de répandre les livres de M. Grollier, *qui devraient être mis à la disposition de toutes les communes de France.*

» En conséquence, votre Comité d'Agriculture vous propose de décerner à M. Grollier une médaille d'honneur, à titre d'encouragement et de récompense, pour ses deux ouvrages intitulés *l'Agriculture délivrée*, et *Traité d'Agriculture* à l'usage des écoles. »

Certifié conforme à l'original qui nous a été présenté.

Ploërmel, le 6 mai 1856.

Le Maire.

DE PRÉAUDEAU.

Paris, le 26 décembre 1855.

A M. Eugène GROLLIER, agronome.

« Monsieur,

» Le Comité dirigeant de la Société Universelle, à Londres, dans sa séance du 14 octobre 1854, vous a voté une MÉDAILLE D'HONNEUR, du grand module, pour vos deux excellents ouvrages intitulés : *L'Agriculture délivrée*, et *Traité d'Agriculture* à l'usage des écoles.

» Je viens donc vous inviter à faire prendre le plus tôt possible, au Secrétariat de la Société, cette médaille et le diplôme qui l'accompagne.

» Je saisis cette occasion, Monsieur, pour vous renouveler l'assurance de ma très-haute considération.

» *Le Secrétaire général, Commissaire près l'Exposition Universelle de France,*

» Comte DE BRIGNOLES. »

Certifié conforme à l'original qui nous a été présenté.

En Mairie, à Ploërmel, le 2 janvier 1856.

Le Maire, DE PRÉAUDEAU.

Académie Nationale, Agricole, Manufacturière et Commerciale.

Secrétariat général, rue Louis-le-Grand, 21, à Paris.

Le but de l'Académie est d'encourager et de développer l'agriculture, d'aider le commerce et l'industrie, de propager toutes les découvertes utiles, de travailler avec vigueur à l'amélioration de ces trois branches importantes de la richesse nationale.

6e Médaille.

Paris, *12 juin 1855.*

A M. GROLLIER, *agronome.*

« Monsieur ,

» L'Académie nationale, agricole, manufacturière et commerciale, sur le rapport de son Comité des récompenses, vous décernera, dans son assemblée générale du 20 de ce mois, une médaille d'honneur, à titre de récompense, pour vos deux ouvrages intitulés : *Traité d'Agriculture à l'usage des écoles,* et *l'Agriculture délivrée.*

» Veuillez vous présenter à cette réunion ou désigner un représentant.

» Recevez mes cordiales salutations.

» *Le Secrétaire général,* Aymar BRESSION. »

———

Copie de la lettre qui a été adressée par M. DE SIVRY, *sénateur , président du Conseil général du département du Morbihan, à* M. Eugène GROLLIER, *au sujet de ses ouvrages intitulés* Traité d'Agriculture à l'usage des Ecoles, *et* l'Agriculture délivrée.

Villeneuve, 12 septembre 1855.

Sénat.

« Monsieur ,

» J'ai lu avec bien de l'intérêt vos ouvrages sur l'Agriculture, et j'ai l'espérance que le pays pourra profiter de vos travaux si utiles.

» M. le comte de La Ferrière, conseiller général, nommé par le canton de Rohan , et chargé par le Conseil de faire un rapport sur ce qui vous concerne , *a fait de vos vues un très-grand éloge,* et des félicitations ont été votées en votre faveur ; je suis heureux de vous en faire part.

» Agréez, Monsieur, l'assurance de ma considération très-distinguée.

» A. DE SIVRY. »

Pour copie conforme à l'original qui nous a été présenté le 21 avril 1856.

Le Maire de Ploërmel , DE PRÉAUDEAU.

———

Extrait de la lettre qui a été adressée par M. DE LA MORLAIS , *membre du Conseil général du département du Morbihan, à* M. GROLLIER, *agronome, au sujet de ses ouvrages :* Traité d'Agriculture à l'usage des écoles, *et* *l'Agriculture délivrée.*

Vannes, le 6 septembre 1855.

« Monsieur,

» Je m'empresse de vous annoncer que le Conseil général, appréciant l'utilité qu'il y aurait à répandre vos ouvrages, a voté une somme de 300 fr. pour en acheter et en distribuer des exemplaires.

» Veuillez agréer, Monsieur, l'expression de ma considération très-distinguée.

» Votre dévoué serviteur,

» DE LA MORLAIS. »

Le Conseil général du Morbihan a voté des fonds pour acheter les ouvrages d'agriculture de M. Grollier, afin de les distribuer gratuitement.

Extrait de la lettre qui a été adressée par M. HUMBERT DE QUINCY*, membre du Conseil général de la Côte-d'Or et président du Comité central d'Agriculture de l'arrondissement de Sémur, à* M. GROLLIER*, agronome, au sujet de son ouvrage intitulé* Traité d'Agriculture à l'usage des écoles.

Dijon, le 8 septembre 1855.

« Monsieur,

» Notre session est finie, et je pars aujourd'hui. Je ne veux point quitter Dijon sans vous faire connaître le résultat de mes propositions au Conseil général, car c'est moi qui ai été chargé du rapport sur votre ouvrage intitulé : *Traité d'Agriculture à l'usage des écoles.* M. le Préfet est invité à s'entendre avec M. le Recteur de l'Académie pour prescrire l'usage de ce livre dans les écoles primaires, et à disposer des fonds nécessaires à cet effet, pris sur la somme de 800 fr., mise à sa disposition pour achat et distribution de livres aux élèves; de plus, votre ouvrage, qui a passé dans toutes les mains, a été fort goûté. Je vais le recommander tout spécialement au concours d'arrondissement que je présiderai le 23 courant.

» Agréez, Monsieur, la nouvelle assurance de mes sentiments les plus dévoués.

» Cʜ. HUMBERT. »

Le Conseil général de la Côte-d'Or a voté des fonds pour acheter des exemplaires du Traité d'Agriculture à l'usage des écoles, *afin de les distribuer gratuitement.*

Extrait du rapport qui a été fait, le 19 août 1854, par M. A. DE LAVALETTE*, à la Société d'Agriculture de*

Grenoble, *sur l'ouvrage intitulé l'*Agriculture délivrée, *par* E. GROLLIER.

Ce livre conduit à une révolution dans le mode de culture généralement adopté dans nos pays ; il doit donc offrir de l'intérêt à tous les hommes qui s'occupent avec soin d'Agriculture, et qui depuis long-temps réclament avec instance les progrès et les améliorations agricoles, qui toujours contribuent puissamment au bien-être matériel des masses. On trouve dans le livre de M. GROLLIER de très-bons préceptes, applicables dans la plus grande partie de notre beau département, et d'excellents renseignements sur diverses cultures entièrement inconnues dans nos contrées.

Cet ouvrage est écrit dans un style simple, à la portée de tous. Nous croyons donc qu'il rendra des services, et que son application contribuera à augmenter le bien-être de la classe malheureuse. M. Grollier ne se jette pas dans des théories incertaines, souvent difficiles à réaliser ; il nous fait connaître le résultat de ses expériences ; il se montre toujours praticien distingué, et nous devons avoir confiance en l'homme qui se mêle aux travaux des champs, et qui ne rédige pas ses ouvrages dans le fond d'un cabinet sans avoir aucune connaissance des difficultés et des déboires que l'on rencontre sans cesse lorsqu'on veut mettre la main à l'œuvre.

Nous devons donc remercier M. Grollier d'avoir publié un travail aussi intéressant. Peu d'hommes intelligents se vouent au progrès de l'agriculture, car ce n'est pas le moyen d'arriver aux honneurs, aux dignités, et rarement à la fortune. On se laisse emporter plus facilement par le tourbillon des affaires, et l'on ne réfléchit pas assez que l'agriculture est la base de toute organisation sociale ; que, sans elle, un pays brille d'un éclat éphémère, pour retomber bientôt dans la misère et le malheur, lorsqu'il survient une mauvaise saison. Tout a des rapports intimes dans la science économique, et le point de départ ne peut être que l'agriculture largement développée ; c'est là une vérité incontestable à laquelle il faudra bien se soumettre tôt ou tard.

Honneur donc aux hommes qui s'inclinent devant cette mère nourricière du genre humain, et qui ne craignent pas de chercher les moyens de succès dans la science et la pratique.

Honneur aux hommes qui se dévouent aux progrès agricoles, et qui font leurs efforts pour régénérer l'agriculture languissante, par des écrits longuement élaborés, par des concours qui chaque année se développent de plus en plus, par des récompenses distribuées avec discernement, par des essais quelquefois infructueux, mais le plus souvent productifs. Ces hommes n'épargnent ni leurs peines, ni leur temps ; si la société ne reconnaît pas toujours les services qu'ils rendent, ils ont au moins pour eux l'approbation de leur conscience, et celle des hommes sérieux et sensés ; qu'ils se souviennent d'ailleurs des paroles de Frédéric-le-Grand, roi de Prusse : « *Je préfère un homme qui a fait produire deux épis au lieu d'un, à tous les génies politiques de mon royaume.* »

A. DE LAVALETTE.

Toulon, le 13 juillet 1854.

A M. Eugène GROLLIER.

Comice agricole
de Toulon,
département du Var.

« Monsieur,

» Le Comice agricole de l'arrondissement de Toulon vous remercie de l'envoi de votre ouvrage intitulé l'*Agriculture délivrée*, dont il a su apprécier la juste valeur. Vos travaux remarquables, vos conseils judicieux et éclairés, en poussant à la nourriture du bétail, et par suite à la fécondation du sol, feraient entrer dans une phase salutaire l'agriculture de nos contrées, menacée dans ses produits les plus précieux.

» Pour vous témoigner combien nous apprécions votre œuvre, je vous prie de vouloir bien adresser au Secrétaire du Comice agricole, rue Beaux-Esprits, à Toulon, quatre exemplaires de votre ouvrage, au reçu desquels je m'empresserai de vous en envoyer le montant par la poste, si vous ne faites pas suivre en remboursement.

» Le titre de membre correspondant ne saurait être mieux appliqué, Monsieur, et nous sommes heureux de vous l'offrir.

» Agréez, Monsieur, l'assurance de ma considération la plus distinguée.

» PELLICOT,
*Vice-Président du Comice agricole de Toulon,
Secrétaire par intérim.* »

Saverdun, le 30 août 1854.

A M. Eugène GROLLIER.

Société
d'Agriculture
et des Arts
du département
de l'Ariége.

« Monsieur,

» Je me suis fait un devoir, après en avoir pris sérieusement connaissance, et en avoir reconnu le mérite, de recommander aux membres de la Société d'Agriculture, que j'ai l'honneur de présider, l'ouvrage intitulé l'*Agriculture délivrée*, dont vous avez bien voulu nous adresser un exemplaire. Dans une de ses dernières réunions, sur mon rapport, la Société d'Agriculture, appréciant dignement et votre travail et votre hommage, a décidé que l'exemplaire de votre livre serait honorablement déposé dans sa bibliothèque, et que votre nom serait inscrit au nombre de ses membres correspondants. En attendant, Monsieur, que je puisse vous en envoyer le diplôme, veuillez agréer les remercîments que la Société d'Agriculture m'a chargé de vous adresser, en son nom, pour l'hommage de votre exemplaire, et l'espoir qu'elle a que vous voudrez bien, comme membre correspondant, lui transmettre, le plus souvent possible, des communications sur quelques-unes des branches de l'industrie agricole.

» Veuillez agréer, Monsieur, l'assurance de mes sentiments de considération et de dévoûment.

» *Le Président de la Société d'Agriculture et des Arts du département de l'Ariége,*   » LAURENS. »

———

Bordeaux, le 26 septembre 1854.

A M. Eugène GROLLIER.

» Monsieur,

Société d'Agriculture de la Gironde.

» La Société d'Agriculture de la Gironde a reçu votre livre l'*Agriculture délivrée*, et elle l'a soumis à l'examen d'une commission. Cette commission en a fait l'éloge, et a proposé que le titre de membre correspondant vous fût accordé en récompense de vos utiles travaux sur l'Agriculture.

» Dans l'une des dernières séances de la Société, cette proposition a été adoptée à l'unanimité.

» Permettez-moi, Monsieur, en vous annonçant votre nomination au titre de membre correspondant de la Société d'Agriculture de la Gironde, de vous féliciter sincèrement sur vos importants travaux, et sur le témoignage d'estime qui vient de leur être donné.

» Recevez, je vous prie, mes salutations très-empressées.

» *Le Secrétaire général de la Société d'Agriculture de la Gironde,*

» DUPONT. »

*Extrait du n° 10 du Recueil des Actes administratifs de la
Préfecture de l'Isère (21 mai 1854).*

AVIS.

Le Préfet de l'Isère recommande à MM. les Maires le *Traité d'A-
griculture,* par Eugène Grollier; c'est un excellent ouvrage à introduire dans les écoles comme livre de *lecture courante.*

En conséquence, MM. les Maires qui sont dans l'intention de faire
faire par leurs communes des fournitures de livres aux élèves indigents, sont engagés à donner la préférence à l'ouvrage dont il s'agit.

---

*Extrait du n° 40 du Recueil des Actes administratifs de la
Préfecture des Hautes-Pyrénées (24 décembre 1855).*

AVIS.

Le Préfet du département des Hautes-Pyrénées recommande à
MM. les Instituteurs et à MM. les Maires le *Traité d'Agriculture,* par
M. Eugène Grollier; c'est un ouvrage qui lui paraît bon à introduire
dans les écoles pour y donner des notions d'agriculture aux élèves
les plus avancés.

Il verrait donc avec plaisir que MM. les Instituteurs missent ce
livre entre les mains des élèves qui composent les deux plus fortes
divisions de leurs écoles, afin qu'ils en fissent l'objet d'une lecture
attentive deux ou trois fois par semaine, et il autorise MM. les Maires
à joindre ce petit traité au nombre des ouvrages dont ils font l'acquisition en faveur des élèves indigents.

Pour se procurer les ouvrages dont il est question ci-dessus, en
envoyer *franco* le montant à M. GROLLIER, agronome à Moncontour-
de-Bretagne, arrondissement de Saint-Brieuc (Côtes-du-Nord). Le prix
de l'*Agriculture délivrée* est de 8 fr.; celui du *Traité d'Agriculture
à l'usage des écoles* est de 4 fr. On fera une grande diminution à
MM. les Maires, les Percepteurs et les Instituteurs qui prendront à la
fois beaucoup d'exemplaires de ces deux ouvrages.

PRÉFACE.

A une époque où tout le monde abandonne les occupations de la campagne, parce qu'on prétend que les produits de la terre ne peuvent pas subvenir aux besoins de ceux qui la cultivent, nous nous proposons de démontrer et de prouver que l'agriculture est de toutes les industries celle qui est susceptible de rapporter les revenus nets les plus considérables.

Pour arriver à ce but, nous conseillons de consacrer la majeure partie des terres d'une exploitation à la nourriture du bétail, parce qu'en agissant ainsi, on se procurera des masses d'engrais à l'aide desquelles on récoltera, sur un quart de l'espace du domaine, plus de blé qu'on n'en recueillait précédemment sur toute l'étendue de cette propriété, lorsqu'on ne pouvait pas la fumer convenablement.

Ainsi, quoique nous paraissions nous occuper spécialement d'enseigner les moyens de produire de la viande, notre théorie aura néanmoins aussi pour résultat d'augmenter la production des céréales, parce que l'accroissement de leur rendement sera la conséquence nécessaire de l'amélioration du sol, que notre système élèvera promptement à la première classe, lors même que, dans le principe, il serait de mauvaise qualité.

Le plus difficile était de découvrir les moyens de nourrir économiquement, sur un petit espace, un nombre considérable de bestiaux dont on retirât, non seulement beaucoup d'engrais, mais encore beaucoup d'argent. Nous avons cherché avec opiniâtreté, pendant quinze ans, la solution de ce difficile problème, et nous avons eu le bonheur de le résoudre par l'emploi de plantes inconnues dans quelques contrées de la France et négligées, nous dirons même généralement dédaignées dans la plupart de nos départements.

La quantité d'animaux qu'on peut entretenir avec ces substances et les sommes qu'on peut en retirer paraissent incroyables!

L'AGRICULTURE DÉLIVRÉE

ou

MOYENS FACILES DE RETIRER DE LA TERRE QUATRE
FOIS PLUS DE REVENU QU'ELLE N'EN
RAPPORTE GÉNÉRALEMENT.

CHAPITRE 1er.

DU PERSONNEL.

AGRICULTEURS!

N'avez-vous pas souvent comparé en vous-mêmes l'ordre admirable qui règne dans un régiment avec l'anarchie qui existe dans le personnel d'une exploitation rurale dirigée par un bourgeois. Lorsqu'un colonel donne un commandement, il est toujours obéi, parce qu'il peut mettre les récalcitrants aux arrêts, à la salle de police ou aux cachots; s'il s'en trouve de trop rebelles, on leur fait traîner le boulet ou on les fusille.

Mais la tâche d'un fermier, d'un chef quelconque d'exploitation, est beaucoup plus difficile que celle d'un colonel. En effet, que peuvent faire les propriétaires ou les fermiers à ceux de leurs domesti-

2

ques qui n'exécutent pas leurs ordres? Ils ne les
feront point mettre aux cachots ni ne les feront fu-
siller; ils ne peuvent que les renvoyer. Eh! la plupart
du temps, le domestique qui vous cherche querelle
ne demande que cela. Remarquez bien que votre
serviteur ne s'insurgera point contre vous en décembre ni en janvier, parce qu'alors il trouverait
difficilement à se placer ailleurs, s'il se faisait renvoyer.

Mais, aux mois d'avril, de juin, de juillet et
d'août, c'est différent : il arrive des semaines alors
où un journalier est payé, en Poitou, de 2 fr. à
2 fr. 50 c. par jour, tandis que, si vous avez loué un
valet à forfait, pour un an, vous lui donnerez peut-
être de 50 à 60 c. pour cette même journée, pendant laquelle d'autres, qui travaillent à côté de lui,
gagnent le quintuple. C'est pourquoi la plupart de
ces gens-là, qui ne voient que le moment présent et
qui sentent qu'ils auraient peut-être 24 ou 30 fr. de
bénéfice à se faire renvoyer, ne se gênent guère
pour exécuter vos ordres et pour empêcher votre
foin et vos gerbes d'être imprégnés d'une pluie d'o-
rage. Ils disent entre eux : Ah! il en aura bien toujours assez. Surtout si votre habit n'est pas de la
même étoffe ni de la même coupe que les leurs;
enfin, si vous êtes ce qu'ils appellent un Monsieur.
C'est une très-mauvaise recommandation d'être
Monsieur et de faire valoir. Personne n'est mieux

imbu qu'un valet de ferme de cette sentence que La-
fontaine à mise dans la bouche de son âne : « Notre
ennemi, c'est notre maître. » Aussi, vos domestiques vous font-ils une guerre acharnée, soit en
laissant avec insouciance dépérir les bestiaux de
travail que vous mettez entre leurs mains, soit en
laissant, par leur peu de soin, dégrader les harnais
et les instruments dont ils se servent, soit en faisant,
en votre absence, la conversation au lieu de travailler, soit enfin en ne soignant pas leur ouvrage,
en ne l'exécutant pas en bons pères de famille, con-
sciencieusement.

Ils sont très-malicieux, et ils font souvent de fort
mauvais tours.

Il y avait un gentilhomme myope dans notre canton, qui faisait valoir et qui mettait quelquefois la
main à l'œuvre. Tous les étés, c'était lui qui, avec
une fourche de fer munie d'un long manche, allait
dans les champs donner à son charretier les gerbes
que celui-ci chargeait sur sa voiture, pour les amener
autour de l'aire. Or, il vint à l'idée de ses valets d'introduire dans les gerbes d'assez grosses pierres, afin
qu'elles retombassent sur leur maître, lorsqu'il élè-
verait ces gerbes en l'air, au bout de sa fourche,
pour les présenter au charretier; ils réussirent parfaitement dans leur projet : un gros caillou tomba
sur la tête de ce Monsieur et lui fit une blessure fort
grave.

Une autre année, ils remarquèrent que ce brave homme s'asseyait quelquefois sur un tas de paille pour les regarder battre le blé dans l'aire; et, comme sa présence les gênait, l'un d'eux proposa d'enfermer plusieurs rameaux d'aubépine noire sous ce tas de paille. Afin qu'il n'y eût point de dénonciateur, il fut convenu que chaque ouvrier qui se trouvait dans la cour apporterait un rameau de ces épines. L'embûche étant parfaitement arrangée, le maître ne tarda pas à venir s'asseoir où il en avait l'habitude; mais il eut hâte de se relever, car plusieurs pointes de ces rameaux étaient entrées profondément dans sa chair. Il se démenait, criait et gesticulait d'une façon digne d'exciter la pitié, quoiqu'elle ne provoquât que l'hilarité de ses domestiques. Les drôles avaient cependant l'air de s'apitoyer sur son sort; mais, au fond du cœur, ils étaient dans l'enchantement.

Il est bien vrai qu'il nourrissait fort mal ses gens; de sorte qu'il n'avait jamais guère à son service que de mauvais sujets. Un chef d'exploitation doit, au contraire, s'attacher à n'avoir dans sa maison que des gens ayant de la délicatesse, car il y a peu de ressources avec des hommes sans conscience.

Puisque l'autorité des chefs d'exploitation tend à diminuer davantage de jour en jour, et que vous n'avez point de moyens coërcitifs contre vos domestiques, il faut tâcher de réveiller leur activité et d'exciter en eux une noble émulation, en sachant mettre en jeu, dans leur cœur, l'amour du gain. Puis il est extrêmement important d'acquérir la possibilité de punir et de récompenser ces gens-là. Nous croyons pouvoir vous indiquer le moyen d'arriver à ces buts.

Cependant, si vous avez des enfants qui travaillent avec vos valets ; si vous êtes le premier levé et le dernier couché, et que vous ou vos enfants soyez toujours les uns ou les autres à l'étable pour voir comment on soigne les animaux qui s'y trouvent et sur vos divers chantiers, pour stimuler l'ardeur de vos manœuvres, vous n'avez pas besoin de mettre en pratique les conseils que nous allons vous donner relativement à l'organisation du personnel de votre maison.

Mais si vous êtes obligé de vous absenter souvent ; si vos enfants ne peuvent pas plus que vous rester avec vos ouvriers depuis le lever du soleil jusqu'à son coucher, et que, cependant, il vous plaise de faire valoir votre bien, il faut que vous tâchiez de trouver quelque moyen de stimuler l'activité de vos serviteurs ; autrement, en votre absence, quatre ne vous feront pas l'ouvrage d'un bon travailleur.

Si vous employez ordinairement douze domestiques de l'un et de l'autre sexe pour soigner vos bestiaux et exécuter les travaux de votre exploitation, il faut que vous soyez bien convaincu qu'un paysan, qui serait toute la journée avec ses ouvriers ou qui aurait des fils qui travailleraient continuellement avec eux, ferait faire par quatre personnes ce que douze ont peine à faire chez vous.

Vous devez donc commencer par chercher à vous préserver de la perte que vous causent trois ou quatre de ces huit ouvriers de surplus.

Pour cela, vous partagerez vos gens en deux divisions.

Les laboureurs, le charretier, les moissonneurs; en un mot, tous ceux qui exécutent les plus pénibles travaux feront partie de la première division.

Vous nommerez à celle-ci un chef qui avancera à l'ouvrage; ce sera lui qui ira devant au chantier, et, pour l'encourager à bien marcher, vous lui accorderez, si vous êtes content de lui, en surplus, le cinquième de son gage. Par exemple, si vous devez lui donner, pour son année, 160 fr., eh bien! s'il conduit parfaitement sa division, vous le gratifierez de 32 fr.; ce qui lui fera 192 fr. d'appointements.

La seconde division sera composée du petit monde de la ferme, c'est-à-dire des enfants et servantes qui ont, dans le jour, plusieurs heures disponibles, l'été surtout, lorsque le bétail est à l'étable. C'est ce petit monde-là qui arrache les mauvaises herbes qui infestent les jardins et les blés, qui va effeuiller les choux et les betteraves, qui, à la fin de l'automne, arrache les navets, coupe leurs tiges, les lave, effeuille les ormeaux, etc., etc. Eh bien! il faut un chef à ces gens-là : que ce soit une fille raisonnable ou un jeune garçon précoce. Il sera chargé d'aller devant à l'ouvrage et d'exhorter les paresseux à travailler; vous gratifierez aussi celui-là d'un cinquième en sus de ses gages. Par conséquent, dans le cas où il gagnera 70 fr. pour son année, s'il fait faire beaucoup d'ouvrage aux gens qu'il commandera, vous lui donnerez 14 fr. de plus.

Enfin, vous annoncerez à tous vos serviteurs qu'ils pourront, en exécutant ponctuellement vos ordres et en remplissant activement leurs tâches, gagner chacun un huitième en sus de leurs gages; et, afin de leur montrer que vous ne voulez pas que vos caprices servent tout-à-fait de loi, vous leur direz que vous leur distribuerez, chaque fois qu'ils feront mal, un mauvais point, et qu'au contraire, vous leur en donnerez un bon chaque fois qu'ils auront déployé de l'activité et du zèle. De sorte que, pour avoir droit à la gratification, il faudra qu'ils aient, à la fin de leur service, plus de bons points que de mauvais.

Vous vous procurerez ainsi le moyen de punir et de récompenser vos gens. Immense avantage! Je vais vous en donner un exemple.

Si vous avez du foin bon à rentrer, que la nuit arrive et qu'un orage monte, vous direz à vos gens : Ne vous couchez pas sans avoir mis tout le foin sur

les charrettes, et vous aurez chacun un bon point
et du vin; vous êtes sûr d'être obéi. Mais si vous
n'avez point ce stimulant, sitôt que le soleil sera
couché, vos ouvriers se rendront à la table; peu leur
importera qu'il pleuve ou qu'il fasse beau temps
jusqu'au lendemain.

Vous pourrez dire aussi à quelqu'un : Si, à telle
heure, tu n'as pas fait cela, tu auras un mauvais
point.

Les bons et les mauvais points seront pour vos
valets ce que sont pour les chevaux le fouet et l'é-
peron.

Il y a un raisonnement qui paraît assez juste ;
c'est celui-ci : Je t'ai loué pour faire ce que je t'or-
donnerai de juste et de raisonnable; or, je t'ai com-
mandé cela et tu ne m'as pas obéi; par conséquent,
tu as manqué à ton engagement; c'est pourquoi je
te retiendrai 25 ou 50 centimes sur ton gage. Mais il
serait à craindre que les juges de paix n'approu-
vassent pas ce système. Puisqu'il n'est pas possible
de punir les valets de cette manière, il faut alors
recourir aux moyens que nous indiquons.

Dans cette situation, votre personnel manquera
encore d'un homme qui est fort essentiel; c'est le
surveillant. Celui-ci doit, tous les matins, sonner la
corne ou la cloche, pour faire partir les travailleurs;
il remplit les fonctions de garde particulier; il doit,
en outre, visiter de temps en temps les travailleurs

à leur chantier, les observer de près et de loin, pour tâcher de les prendre en défaut ; il soigne les bestiaux qui restent à l'étable, s'occupe au jardin et aide au charretier ; en l'absence du maître , c'est lui qui commande ; il veille à ce que les cochons et les moutons qui sont à l'engrais ou malades soient convenablement soignés ; il chasse de la cuisine et des granges les gens qui cherchent à y perdre leur temps ; tous les soirs, avant de se coucher , il fait son rapport au maître, et il aura, s'il a plus de bons points que de mauvais, en surplus, le tiers de son gage. Par conséquent, si ce gage s'élève, pour un an , à 160 fr., vous y ajouterez 53 fr.; ce qui lui fera 213 fr.

Tous les soirs, après souper, le chef de la première division vient faire son rapport au maître : il lui rend compte des travaux qui ont été opérés, et il lui demande ses ordres pour le lendemain.

Le chef de la seconde division fait aussi, tous les soirs, son rapport.

On donne à chacun de ces hommes un verre de vin pur ou de cidre, si l'on n'est pas dans un pays de vignes ; ce petit coup leur fait aimer à venir au rapport et les dispose à causer.

D'après les renseignements donnés par le surveillant et par les chefs de division, le maître distribue de temps en temps des bons ou des mauvais points.

Il devra soutenir ses chefs et rester convaincu que

ce sera celui qui lui sera le plus dévoué que l'on ca-
lomniera davantage.

De cette manière, sans bouger de votre lit, vous
ferez marcher tous vos gens. « Ah! ah! se dira le
chef de division, si le surveillant vient à passer et
qu'il aille rapporter au maître qu'il m'a vu occupé à
causer et à rire avec les gens que je dois faire marcher, j'attraperai un mauvais point et je finirai par
ne pas avoir les 32 fr. qui me sont promis. » L'espoir d'avoir cette petite somme lui donnera du cou-
rage et fera faire de l'ouvrage.

Voyons les frais que cette organisation occasionnera. Il vous faut douze personnes, je suppose.

Votre contre-maître ou surveillant est aug- menté de..................................	55f	»
Le chef de votre première division l'est de...	32	»
Le chef de votre seconde division l'est de....	14	»
Restent les neuf autres, dont cinq peuvent gagner, en moyenne, 150 fr. par an, dont le hui- tième est environ de 18 fr.; cinq fois 18 font...	90	»
Les quatre autres peuvent gagner, en moyenne, 72 fr. par an, dont le huitième est de 9 fr.; quatre fois 9 font.	56	»
TOTAL.	225f	»

Vous augmenterez donc volontairement vos dépenses de 225 fr.; mais cette organisation éveillera
tellement le zèle de vos serviteurs que vous ne tar-
derez pas à observer que ce système vous vaudra

deux travailleurs dans votre première division et un dans la petite, c'est-à-dire que vous aurez à retrancher du budget de vos dépenses les salaires de trois personnes. Or, comme on peut évaluer que chacune de ces personnes vous coûte au moins 300 fr. par an, vous aurez donc dépensé 225 fr. pour en gagner 900.

Sur douze domestiques en épargner trois, c'est un quart d'économie dans ce genre de dépense.

CHAPITRE II.

DU PRODUIT DES CÉRÉALES.

D'après l'estimation de M. d'Audiffret, le terrain cultivé en France se compose de trente-deux millions neuf cent quatre-vingt-trois mille hectares.

Selon le même auteur, cette vaste étendue ne produit annuellement qu'une valeur de seize cents millions.

M. Thiers élève le rendement de cette même étendue à deux milliards cent millions.

Or, en déduisant de ces sommes d'abord 850 millions que les propriétaires de ces terres paient en impôts directs et indirects, et ensuite 700 millions que ces mêmes propriétaires paient aussi pour obligations ou hypothèques qui grèvent ces mêmes biens, il résulte des documents fournis par M. d'Audiffret que le sol cultivé en France ne donne que 50 millions, c'est-à-dire que chaque hectare ne rapporte, pour toute la France, que 1 fr. 51 c.; sur quoi il faut prélever les frais de main-d'œuvre, c'est-à-dire que tout homme qui emploie des domestiques pour cultiver ses terres, en suivant les méthodes ordinaires, doit nécessairement se ruiner. On sait que

c'est ce qui arrive en général, et que ce proverbe : *Peine de vilain compte pour rien*, ne s'applique réellement que trop aux malheureux agriculteurs. Il n'est donc pas étonnant que riches et pauvres abandonnent à l'envi les utiles travaux des champs, et qu'ils se réfugient dans les grandes villes, où ils espèrent améliorer leur sort.

Il est bien vrai que, d'après le calcul de M. Thiers, le rendement brut moyen de chaque hectare, pour toute la France, s'élève à 19 fr. 43 c. Quoique ce chiffre soit bien supérieur au précédent, il ne faut pas avoir des connaissances agricoles très-approfondies pour juger que les frais d'exploitation d'un hectare dépassent encore de beaucoup cette somme.

Quelques-uns récuseront peut-être le témoignage de M. Thiers, en disant : « Chacun à son métier. M. Thiers peut être très-compétent en histoire et en littérature; mais, en ce qui concerne l'agriculture, il n'y entend absolument rien. Voilà pourquoi les calculs des deux auteurs que vous citez n'ont pas le sens commun. »

Admettons que ces Messieurs se soient trompés. Nous, qui avons été élevé à la campagne et qui nous sommes toute notre vie occupé d'agriculture, nous allons alors tâcher de calculer le rendement de chaque hectare cultivé en céréales.

Voici comment, en général, les cultivateurs procèdent dans le département de la Vienne :

Au mois de mars, ils donnent une première façon à leurs jachères; ils appellent cela lever leurs guérets. Cette opération consiste à faire de nouveaux sillons en place des anciens.

Vers la fin de juin, ils donnent la seconde façon à leurs jachères, c'est-à-dire qu'ils réitèrent l'opération qu'ils ont déjà faite précédemment; puis ils laissent leur terre sans y toucher, jusqu'au moment où ils se proposent d'amener le fumier dedans.

Ces deux opérations coûtent, pour un hectare, à ceux qui les font faire à prix d'argent........ 26^f »

Puis il y a le labour pour emblaver, que nous compterons également..................... 15 »

Pour fumer un hectare, il faut vingt-et-un chars d'engrais à quatre chevaux; chaque char se vendrait au moins 12 francs, ce qui fait.......... 252 »

Pour peu que le champ soit éloigné du siége de l'exploitation, il faudra trois jours au charretier et à ses quatre chevaux pour transporter cet engrais.

La fourniture d'une charrette pendant un jour est comptée 5 francs sur le bulletin des prestations en nature; pour le même temps, on donne 1 franc par cheval; pour quatre, 4 francs, plus la nourriture de ces animaux que nous ne compterons pas.

La journée d'un charretier, nourriture et salaire compris, vaut bien 1 fr. 25 c.; total, 8 fr. 25 c. par jour, et, pour trois jours, 24 fr. 75 c. Portons donc cette somme pour frais de transport de l'engrais destiné à fumer convenablement l'hectare. 24   75

A reporter. . . . 515   75

Report. 515ᶠ 75ᶜ

A quoi nous ajouterons six journées d'un homme, qui sont nécessaires pour piocher cet engrais, le charger dans les charrettes et le répandre sur la terre dans laquelle il doit être enseveli, l'une à 1 fr. 25 c., nourriture et salaire compris   7 50

Plus cinq journées à deux hommes, au même prix, pour sortir cet engrais des étables et le soigner; ajoutons 12 50

Il faut encore une journée d'un manœuvre pour compléter l'ouvrage de la charrue, abriter avec une houe le blé resté découvert et piocher les parties des sillons que le soc et l'oreille de la charrue n'ont pas atteintes; comme une femme peut faire ce travail, nous porterons. . . . .   » 90

Au printemps, il faudra trois jours à une femme pour extirper les mauvaises herbes de cet hectare, 0 fr. 90 c. l'un, fait 2 70

Plus sept jours à un ouvrier pour le moissonner; à 2 fr. par jour au moins, nourriture et salaire compris . . . .   14 »

Plus trois charrois, à 1 fr. 20 c. l'un, pour amener les gerbes dans la grange. 5 60

Plus douze jours à un ouvrier pour extraire de la paille le blé qu'a produit cet hectare. . . . .   24 »

Plus 4 fr. d'impôts chaque année; pour deux années . . . .   8 »

Plus le loyer de deux années de cette terre, qui vaut . . . .   96 »

Plus sept quarts d'hectolitre de froment pour semence; à 4 fr. 58 c. l'un, fait 52 06

TOTAL. 547ᶠ 01ᶜ

	Dépenses.		Recettes.	
	fr.	c.	fr.	c.

Chaque hectare de froment coûte donc à celui qui l'ensemence et le récolte. **517 01** » »

Examinons maintenant combien valent le blé et la paille que cet espace de terre produit :

Nous estimerons qu'on récolte, en moyenne, 14 hectolitres de froment par hectare, quoique la statistique officielle agricole n'évalue, en moyenne, le rendement de cette céréale, sur l'espace dont nous venons de parler, qu'à 1,245 litres.

Les blatiers qui enlèvent les grains du département de la Vienne ne se règlent pas tant, pour les acheter, à la mesure qu'au poids. Un hectolitre de froment est censé peser 80 kilogrammes, quoiqu'il atteigne rarement ce poids. Il s'en faut même quelquefois de 5 à 6 kilog.; de sorte qu'en vendant votre froment 17 fr. l'hectolitre, le blé que vous perdez pour compléter le poids exigé fait que chaque hectolitre ne vous est souvent soldé que 16 fr. au lieu de 17 fr. que vous croyez le vendre. L'époque où il est resté long-temps à 15 fr. n'est pas encore fort éloignée.

Néanmoins, supposons que votre froment, poids complet, soit vendu 16 fr.; les 14 hectolitres seront donc payés 224ᶠ

A reporter. . 224ᶠ | 517 01 | » »

	Dépenses.		Recettes.	
	fr.	c.	fr.	c.
Report. . 224ᶠ	517	01	»	»

On évalue le rendement moyen en paille à 160 kilogrammes environ par hectolitre de blé ; ainsi, 14 hectolitres de froment font présumer 2,240 kilog. de paille, que nous estimerons 12 fr. 50 c. les 500 kilogrammes, font 56

TOTAL des recettes du froment. 280ᶠ	»	»	280	»

Ainsi votre froment, qui vous a coûté à semer et à récolter 517 fr. 01 c., vous produit 280 fr., en le supposant vendu 5 fr. au-dessus d'un cours où il a longtemps stationné.

Mais, dira-t-on, vous faites erreur, parce que vous ne devez attribuer au froment que les deux tiers de la fumure.

Voyons l'avantage qui résulterait de cette concession : Il faudrait alors retrancher 84 fr. de la somme de 252 fr., valeur de la totalité de la fumure ; ce qui réduirait la dépense à 455 fr., chiffre qui indique encore que votre hectare de froment vous coûte 455 fr. de plus qu'il ne vous rapporte.

On prétendra peut-être que les récoltes qui suivront celles du froment combleront ce déficit. Eh bien ! faisons le calcul :

A reporter. . . .	517	01	280	»

3

	Dépenses.		Recettes.	
	fr.	c.	fr.	c.
Report.	547	04	280	»

Sur le terrain qui a produit le froment, les cultivateurs de la Vienne sèment, l'année suivante, de la mouture ; c'est un mélange qui se compose de deux tiers froment et d'un tiers orge, jarrosse et avoine. Cette mouture rend à peu près huit hectolitres par hectare. Ces seconds blés, ordinairement, ne réus-sissent pas bien, parce que la terre à laquelle on les confie n'a pas reçu l'apprêt convenable. Elle est si mal pré-parée par la charrue du pays ! Cette mouture vaut environ 12 fr. l'hectolitre ; les huit font donc. . . . . . . 96^f »^{c}

Plus 1,200 kilogrammes de paille, à 12 fr. 50 c. les 500 kilogrammes, font. 50   »

TOTAL des recettes d'un hec-tare de second blé ou mouture. 126^f »^{c} »   »   126   »

Les frais de cette récolte consistent :

1° En loyer de la terre. . . 48^f »^{c}

2° Le labour. 15   »

3° Frais de moisson 10   »

4° Pour engranger et battre. 26   »

5° Plus 7/4 d'hectolitre de semence, à 4 fr. 75 c. l'un, font 12 25

6° Plus pour impôts 4   »

A reporter. . . . 115^f 25^c 517 04 406 »

	Dépenses.		Recettes.	
	fr.	c.	fr.	c.
Report. . . 115ᶠ 25ᶜ	517	04	406	»
TOTAL des frais pour semer et récolter 1 hectare de second blé ou mouture. 115ᶜ 25ᶜ	115	25	»	»
La troisième année, on récolte une avoine qui rend, dans la Vienne, environ 11 hectolitres par hectare, et se vend 7 fr. l'un en moyenne, ce qui fait. . . . . 77ᶠ »ᶜ				
Plus 1,210 kilogrammes de paille, à 25 fr. les 1,000 kilog. 50 25				
TOTAL des recettes d'un hectare d'avoine 107ᶠ 25ᶜ	»	»	107	25
Dont il faut retrancher les mêmes frais que pour la mouture, lesquels s'élèvent à.	115	25	»	»
TOTAUX généraux : 1° des *frais* pour cultiver en céréales un hectare pendant quatre ans, y compris l'année de jachère; 2° des *recettes* provenant du rendement d'un hectare ensemencé en céréales pendant trois ans	745	51	515	25
DÉFICIT	250ᶠ		26ᶜ	

Ainsi, en additionnant le produit de votre hectare pendant quatre ans, vous trouvez qu'il vous a rapporté 513 fr. 25 c., et que vous avez dépensé, pour obtenir ce rendement, 743 fr. 51 c., c'est-à-dire que vous avez pris beaucoup de fatigues et de tracas pour diminuer votre patrimoine de 230 fr. 26 c.

Si vous contestez l'exactitude du résultat que nous vous présentons, nous prendrons la peine de revoir avec vous les divers articles de ce compte de dépenses et de recettes.

Commençons par ces dernières :

Nous avons compté la paille le prix que la statistique l'évalue; par conséquent, vous ne pouvez faire aucune objection sur cet article.

Nous estimons 16 fr. votre froment, le poids de 80 kilogrammes par hectolitre étant complété, tandis que la statistique l'évalue à 15 fr. 80 c. seulement. Ainsi, vous ne pouvez pas nous adresser le reproche d'avoir donné au blé une estimation trop faible.

Vous n'avez donc rien à objecter, relativement au prix de vente.

Quant au rendement, consultez vos livres, et vous verrez que vos métayers obtiennent fort souvent moins de 14 hectolitres de froment par hectare et pas plus de 11 hectolitres d'avoine en troisième récolte, et qu'en moyenne cette dernière ne vaut pas plus de 7 fr. l'hectolitre.

S'il y a erreur, elle n'est donc pas dans les recettes : la statistique agricole, comme nous l'avons dit plus haut, et M. Dezeimeris, qui est très-compétent en cette matière, ne portent le rendement du froment qu'à 12 hectolitres par hectare pour toute la France, tandis que nous l'élevons à 14.

Voyons les articles de dépense :

Les prix de main-d'œuvre sont connus, et vous ne pouvez équitablement contester ceux que nous avons établis. Il y a cependant une différence à notre avantage : c'est que nous estimons la journée de travail d'un cheval un franc de moins qu'elle ne l'est dans la *Maison Rustique*.

Est-ce la valeur de l'engrais que vous trouvez exagérée ? Il y a cependant beaucoup de localités où une charretée de fumier à quatre chevaux se paie plus de 12 fr.

Si vous dites qu'il ne vaut pas cela, parce que nous le recueillons dans nos étables, nous vous répondrons : Si nous le vendions, nous en retirerions bien ce prix ; donc, c'est réellement une valeur de 252 fr. qui est enfouie dans la terre.

Les articles qui vous paraîtront peut-être les plus susceptibles d'être contestés sont ceux qui ont trait aux frais de labourage. Il est bien vrai, direz-vous, qu'un homme qui n'a ni chevaux ni charrette paie le prix que vous indiquez pour faire emblaver un hectare ; mais ces façons ne reviennent pas si cher à celui qui possède les bêtes de travail, les charrues et les voitures.

Hélas ! si l'on voulait compter exactement ce que

coûtent l'usure des chars, des instruments de labourage, le renouvellement et l'entretien des harnais,
la ferrure des chevaux et des instruments, le salaire
et la nourriture des laboureurs, la consommation
que font les animaux dont on se sert, les pertes que
causent les épizooties et la brutalité ou l'insouciance
des serviteurs, peut-être trouverait-on que celui qui
a le bétail et les domestiques paie les façons de sa
terre plus cher que celui qui fait tout faire à prix
d'argent.

Du reste, les frais que nous comptons pour labour sont moindres que ceux qui sont alloués à ce
sujet par les auteurs de la *Maison Rustique du
XIXᵉ siècle;* donc, vous ne pouvez faire aucune objection fondée à cet égard. Il est donc évident que le
calcul de M. Thiers n'est pas erroné. Concluons de
là qu'il vaut beaucoup mieux se reposer que de consacrer toute l'étendue des terres de son exploitation
à la culture des céréales, surtout lorsqu'on est obligé
d'employer une troupe de mercenaires avec lesquels
on ne peut pas rester tous les jours, du matin au
soir.

Est-ce à dire pour cela qu'il faille abandonner
l'agriculture aux gens ignorants, grossiers et sans
intelligence? non, sans doute! Seulement, il faut
adopter un autre système : celui, par exemple, de
produire de la viande en même temps qu'on fait des
céréales. Plus on entrera hardiment dans cette voie,

et plus les profits qu'on obtiendra seront considérables. Il faudra donc employer la majeure partie
des champs de l'exploitation à la culture des fourrages-racines et des prairies artificielles, afin d'entretenir beaucoup de bétail et de faire ainsi une
grande quantité d'engrais; de sorte qu'en fumant
abondamment, on récoltera autant de grain sur le
quart du sol du domaine qu'on en recueillait précédemment sur la totalité, lorsqu'elle manquait d'engrais.

Cette théorie n'est pas nouvelle; elle est connue
de tous les hommes qui ont lu de bons ouvrages
d'agriculture; mais ce qu'on ignore généralement,
c'est quelles sont les espèces d'animaux qui rapportent
le plus de bénéfice et même celles qui ne donnent
que de la perte. Ces points sont fort essentiels à connaître; car, si l'on n'est pas fixé à ce sujet, on pourra
posséder d'immenses prairies artificielles, avoir ses
étables pleines de bétail et se trouver en déficit à la
fin de l'année.

Nous allons donc tâcher d'évaluer le profit ou la
perte que les principales races d'animaux peuvent
produire.

CHAPITRE III.

DU GROS BÉTAIL.

Des Juments poulinières, et produit de l'élève des Mules et des Mulets.

Grognier, professeur à l'Ecole Vétérinaire de Lyon, membre de l'Académie de cette même ville et de 21 autres sociétés savantes, dans son Cours d'hygiène vétérinaire, donne quelques exemples de ration pour un cheval.

Il faut par jour, dit-il, à un attelage qui fatigue, trois bottes de foin pesant chacune 5 kilog., autant de paille et 26 litres d'avoine, à 25 fr. les 500 kilog. de foin, 12 fr. 50 c. les 500 kilog. de paille et 7 fr. l'hectolitre d'avoine. Cet attelage se trouve consommer par jour 2 fr. 94 c., c'est-à-dire que chaque cheval dépense 1 fr. 47 c., sans compter les frais de litière.

A un cheval de trait, qui est assujetti à un exercice continuel, sans être excessif, il faut une botte de foin de 5 kilogrammes, deux bottes de paille de 5 kilogrammes chacune et un décalitre d'avoine, dit Bourgelat; cela fait, au prix des denrées plus haut citées, 70 c. d'avoine, 25 c. de foin et 25 c. de paille, plus 2 kilogrammes et demi de paille pour litière. Le cheval consomme donc 1 fr. 26 c.

Un autre auteur, M. Lafosse, prétend que la ration d'un cheval de selle qui est en bon état doit être de 4 kilogrammes de foin, 5 kilogrammes de paille et 10 litres d'avoine; ce qui fait une dépense de 1 fr. 2 c. 1/2 par jour.

M. Dombasle donnait à ses chevaux de labour :

Grains de seigle.	1 kilog.	1/2
Avoine.	5 id.	1/4
Paille hachée.	4 id.	1/4
Foin.	2 id.	1/2
Paille pour litière	2 id.	1/2
TOTAL	14 kilog.	1/4

Un cheval de labour lui consommait donc 14 kilogrammes 1/4 de différentes espèces de substances nutritives, valant ordinairement plus de 70 c., et rarement moins que cette somme.

C'est la plus faible dépense, pour un cheval de trait, qui soit mentionnée dans les auteurs. En l'adoptant pour base, on trouve que chaque cheval d'ouvrage coûte par an 255 fr. 50 c., et, par conséquent, les quatre chevaux qui sont nécessaires pour conduire votre charrette coûtent 1,022 fr.; et en ajoutant la nourriture et le salaire du charretier, ne seraient-ils que de 1 fr. par jour, l'équipage consommera par an 1,387 fr., sans compter l'usure de la voiture, l'entretien des harnais et la ferrure des animaux ; ce qui élève bien cette somme à 1,600 fr. Ecrivons 1,550 fr.; voilà des frais considérables, et que n'aperçoit pas d'abord un œil étranger à l'économie agricole.

Dans la plupart des fermes que nous connaissons, on a la mauvaise habitude de priver de grains les chevaux qui ne travaillent pas. Quelques éleveurs leur donnent le foin à discrétion, et ils ne leur font jamais manger de paille; ils traitent de cette manière le mulet principalement. Quant aux jeunes chevaux, ils font quelquefois entrer la paille dans leur alimentation. La ration qu'ils donnent aux adultes est environ de 6 kilogrammes de luzerne et de 7 kilogrammes et demi de paille, dont 2 kilogrammes et demi pour litière. Cette ration vaut, d'après les prix plus haut adoptés, un peu plus de 48 centimes et demi, mais la ration d'un mulet adulte qui ne mange que du foin vaut davantage. Cependant, pour ne rien exagérer, n'évaluons la consommation journalière d'une bête chevaline adulte qu'à la somme de 48 centimes. Cette bête coûtera donc, pendant une année, 175 fr. 20 c., car sa nourriture ne sera pas meilleur marché l'été que l'hiver, puisque Grognier prétend qu'il faut à un cheval adulte, pour sa nourriture quotidienne, de 40 à 50 kilogrammes de fourrage vert, ce qui équivaut à 10 ou 12 kilogrammes et demi de foin sec.

Or, si l'on calcule que, pour faire naître chez soi, chaque année, en moyenne, un mulet, il faut entretenir continuellement au moins quatre juments poulinières, attendu que ces bêtes retiennent difficilement du baudet, et qu'elles s'avortent aussi très-facilement, on aura donc quatre juments, qui consommeront dans leur année chacune 175 fr. 20 c.; à quoi il faut ajouter, par tête, 12 fr. pour le haras, ce qui fera une dépense totale de 748 fr. 80 c.

En évaluant à 48 fr. le fumier qu'une jument peut faire dans l'année, ce sera pour les quatre 192 fr. qu'on aura à retrancher de 748 fr. 80 c., et la dépense s'élèvera encore à 556 fr. 80 c., sans compter les frais du berger et du palefrenier, qui montent bien au moins à 200 fr.; ce qui fait 756 fr. 80 c.

Pour couvrir ces frais, on a calculé que ceux qui s'adonnent à l'élève de la race mulassière avaient, en moyenne, une mule ou un mulet, qu'on n'est pas sûr de vendre 200 fr. à la raie, neuf mois après sa naissance : c'est une perte de 556 fr. 80 c. pour l'éleveur.

On objectera peut-être que ceux qui achètent des mulets de huit à dix mois, qu'ils nourrissent pendant quelque temps, gagnent davantage que les personnes qui font naître ces animaux. Tâchons de découvrir le gain que chaque animal de cet âge peut rapporter.

M. Jacques Bujault (1) évalue à 50 fr. pour un mulet et à 75 fr. pour une mule l'addition que l'on peut faire, en moyenne, au prix d'achat de ces animaux, après les avoir nourris pendant un an.

Aux mulets de neuf à dix mois, nommés vulgairement *jetons,* on ne donne point de paille; on leur fait, au contraire, manger le meilleur foin de la grange, à la ration de 4, 5 ou 6 kilogrammes, suivant l'appétit du quadrupède. Ceux qui s'entendent le mieux sur l'élève de ces animaux leur donnent en outre, en deux rations, environ 1 kilogramme et demi de son mêlé à des grains de maïs, ou 1 kilogramme de pain, soit 15 c. de son, maïs ou pain. . » fr. 15 c.

Foin. . . . . » 25

Et paille pour litière. . . . . » 6
_____

Ce qui fait une consommation de. . . » fr. 46 c.

par jour ou de 167 fr. 90 c. par an, dont il faut retrancher 24 fr. d'engrais que ce jeune animal peut faire dans l'année; reste à 143 fr. 90 c.; à quoi il faut encore ajouter les frais du berger et du palefrenier. Pour couvrir la dépense dont nous venons de faire le détail et le total, on n'est pas assuré, quoi qu'en dise M. Bujault, de gagner sur son élève 50 ou 75 fr.; car il survient souvent des maladies aux jeunes mulets: il y en a qui tombent fourbus à l'é-

_____

(1) Célèbre agronome des Deux-Sèvres, où l'on sadonne à l'élève des mulets.

curie sans avoir jamais travaillé, et qui restent impotents; d'autres reçoivent un coup de pied qui leur engendre une grosseur à la jambe; ce qui nuit beaucoup à leur vente.

La fluxion périodique est un véritable fléau pour les éleveurs de la race chevaline et mulassière. Cette maladie est si fréquente en quelques localités que, dans deux villages où il y avait vingt feux, nous avons compté onze animaux atteints à la fois de cette cruelle affection.

Sous le règne de Louis-Philippe, il a été rendu une loi qui contribuera à diminuer considérablement, en France, l'élève des chevaux et des mulets. Cette loi dispose que celui qui vous a acheté une bête des espèces dont nous venons de parler, peut vous la restituer si, dans les trente jours qui suivent celui de la vente, elle est atteinte de la fluxion périodique; et c'est à vous, vendeur, d'aller la chercher dans le lieu où elle a été conduite. Aussi, il arrive souvent que des maquignons de mauvaise foi, qui achètent des mulets pour l'Algérie, écrivent à plusieurs de ceux qui leur ont vendu des bêtes de venir chercher leurs mulets à Toulon, où ils ont été mis en fourrière.

Imaginez l'embarras d'un paysan poitevin, qui reçoit une pareille nouvelle; au lieu d'aller plaider si loin de son domicile, il préfère se mettre à la discrétion de l'acquéreur qui lui fait souvent restituer les trois quarts du prix que la bête a été vendue, et le malheureux éleveur se trouve alors bien mal payé de sa dépense et de ses peines.

Souvent ce n'est qu'une ruse du maquignon : la bête est en bonne santé en Algérie, quoique l'acheteur ait écrit qu'elle était malade à Toulon. C'est une manière de faire un grand profit qui ne coûte qu'un peu de papier. Ces tracasseries dégoûtent beaucoup les éleveurs, et l'on s'apercevra plus tard que la loi sur la fluxion périodique aura beaucoup nui à la multiplication, en France, des chevaux et des mulets.

Depuis plusieurs années, il a été facile de remarquer ce fâcheux résultat à Louhans (Saône-et-Loire), car, avant la promulgation de cette loi, il y avait, dans la ville que nous venons de nommer, trois foires où l'on amenait tant de jeunes chevaux qu'ils avaient peine à tenir sur la place d'Armes, qui est très-vaste. Depuis trois à quatre ans, il ne s'y rend plus que des acheteurs, et l'on peut dire qu'ils n'y trouvent point de marchandise; car on ne comptait cette année, à la meilleure de ces foires, que treize poulains, tandis qu'il y a six à sept ans, la réunion de ces animaux se composait de plusieurs milliers.

Espérons que Sa Majesté Napoléon III, qui s'intéresse vivement à tout ce qui se rattache aux intérêts agricoles, modifiera cette funeste loi sur la fluxion périodique, qui est maintenant un des principaux obstacles à ce que l'élève des chevaux prenne une grande extension en France. Alors cette industrie pourra devenir une source de richesse pour ceux qui s'y livreront.

De la guérison et de la préservation de la Fluxion périodique.

Bien des procédés ont été essayés, dans l'intervalle des accès de la fluxion périodique, pour en empêcher le retour; on n'a pu qu'éloigner leur invasion. Nous citerons les affusions d'eau froide sur la tête, les toniques internes, entre autres le quinquina, les frictions mercurielles.

Plusieurs pommades caustiques sont aussi indiquées pour éloigner le retour des accès. Celle qu'on peut appliquer avec le plus d'avantage est composée : de nitrate d'argent, onze centigrammes, et d'axonge, dix grammes.

Manière d'employer cette Pommade.

Lorsque la troisième période de la fluxion est déclarée, c'est-à-dire quand l'œil commence à s'éclaircir, on introduit chaque jour, une fois seulement, gros comme un grain de froment de cette pommade entre les paupières du cheval; il faut ensuite frictionner doucement avec les doigts le pourtour des paupières pour faciliter la dissolution de cette pommade sur la conjonctive. Par ce moyen, l'animal se trouve

préservé pendant plusieurs mois, quelquefois même
pendant six mois, d'accès de la fluxion périodique.

Autre remède pour retarder les accès de la Fluxion périodique, et moyens pour préserver de cette funeste maladie les bêtes qui n'en ont pas encore été atteintes.

Ramassez, sous les enclumes des maréchaux, des
pailles de fer; pilez-les, tamisez-les, et donnez-en
chaque jour, à la dose de trente grammes, dans du
son à chaque animal (cheval, âne ou mulet). Conti-
nuez au moins pendant trois mois.

Vous obtiendrez à peu près le même résultat en
faisant boire, tous les jours, à vos animaux de l'eau
qui aura séjourné le plus long-temps possible, mais
du moins pendant plusieurs heures, sur un tas de
fer rouillé.

CHAPITRE IV.

DE LA RACE BOVINE ET DE SON PRODUIT.

De l'élève des Veaux.

Les personnes qui ont une grande étendue de bons prés naturels rapportant du regain, et où il pousse tardivement de l'herbe que le mauvais temps empêche ordinairement de recueillir; celles qui ont des bruyères, parmi lesquelles il croît spontanément des graminées qu'on ne peut utiliser qu'en y mettant paître du bétail; ces personnes-là ont quelque avantage à avoir un certain nombre de veaux qu'elles alimentent ainsi à peu de frais et qui leur procurent de l'engrais.

Mais celles qui achètent des veaux pour les nourrir, pendant l'hiver, avec le produit de leurs prairies artificielles, ne font pas une spéculation très-avantageuse, parce que, dit Grognier, ce fourrage ne convient pas à ces animaux. Il les altère trop, il les échauffe; il leur occasionne des démangeaisons, des

1

espèces de dartres qui font tomber leur poil en certaines parties de leur corps, et ils n'ont pas ordinairement très-bonne mine au mois d'avril, lorsqu'ils ont été nourris ainsi au sec avec ces légumineuses pendant tout l'hiver.

D'ailleurs, chaque veau consommera environ 6 kilogrammes de foin par jour et 2 kilogrammes et demi de paille pour litière; ce qui, d'après les prix que nous avons adoptés pour base, page 26, fera plus de 35 centimes, c'est-à-dire 73 fr. 50 c. pour sept mois.

De plus, il y a les frais du bouvier, qui varient suivant le nombre d'animaux qu'il a à soigner, et que nous vous laisserons évaluer vous-mêmes.

Supposons que chaque veau vous fasse, pendant ces sept mois, pour 12 fr. de fumier; la dépense pour chaque bête s'élèvera à 61 fr. 50 c.; ce qui, pour deux, fera 123 fr. Si ces deux animaux ont coûté 150 fr., en ajoutant 4 fr. 37 c. pour sept mois d'intérêts, on sera donc en perte si on ne les revend pas, au bout de sept mois, 277 fr. 37 c. Eh bien! il est certain qu'il arrive rarement que deux veaux de dix-huit à vingt mois, nourris de trèfle ou de luzerne, fassent le prix que nous venons d'indiquer.

Une alimentation qui convient parfaitement aux jeunes bêtes bovines consiste, pour chaque animal, en 5 kilogrammes de foin d'herbe naturelle, divisés en plusieurs rations, et, après qu'ils ont bu matin et soir, qu'on leur donne des navets coupés, des better-raves, des choux ou des topinambours. Ce régime est aussi coûteux que le précédent, et nous verrons dans la suite qu'on a plus de bénéfice à faire consommer les racines dont nous venons de parler à d'autres bestiaux.

Voyons si, en achetant des veaux de deux ans, on doit espérer de gagner davantage.

Royer, ancien professeur d'économie rurale à l'Institut agronomique de Grignon, dit qu'il faut par jour à un bœuf de travail 30 livres de foin. Or, vous avez sans doute remarqué dans l'espèce humaine que des jeunes gens de quinze à seize ans mangent souvent plus que des hommes de quarante ans. Eh bien! il en est de même parmi les animaux ; des veaux de deux ans, dont les os se développent, ont besoin de beaucoup d'aliments. Cependant, admettons que la moitié de la ration d'un bœuf de travail leur suffise, c'est-à-dire qu'ils ne consomment chacun par jour, tout compris, que 7 kilogrammes et demi de foin, plus 2 kilogrammes et demi de paille pour litière ; cela fera 37 centimes de foin et 6 centimes de paille ; en tout, 43 centimes.

La dépense s'élèvera pour chaque animal, pendant un an, à la somme de 156 fr. 95 c.; estimons l'engrais de chaque bête à 24 fr. : il reste 132 fr. 95 c., et la paire fera une consommation de 265 fr. 90 c. Supposons maintenant que ces deux élèves n'aient été achetés que 277 fr., prix que nous avons dit plus haut devoir représenter la valeur de deux veaux de dix-huit à vingt mois; nous trouverons que ces deux animaux, à la fin de leur troisième année, reviennent à l'éleveur à la somme de 542 fr. 90 c. Or, tous les agriculteurs savent que deux bœufs de trois ans ne se vendent ordinairement que 360 à 400 fr.; c'est donc 142 fr. 90 c. de perte pour les éleveurs. Ce n'est pas encourageant!

DES BŒUFS GRAS.

Quel peut être le bénéfice de ceux qui engraissent des bœufs à l'étable?

Thaër dit bien qu'en consommant quarante livres de bon foin et de regain, un bœuf à l'engrais augmente de 1 kilogramme par jour; mais ce résultat nous paraît exagéré, et, fût-il vrai, le bénéfice ne serait pas très-brillant; car, en supposant que ce kilogramme de chair fût vendu 1 fr., cela ferait tout simplement le prix du foin consommé, en admettant que le fumier payât la paille employée en litière et les soins. Mais à un bœuf que l'on engraisse par les méthodes ordinaires, il faut autre chose que du foin. Nous avons visité les étables de nourrisseurs dans le Limousin : après la ration de foin, nous avons vu les bœufs qui mangeaient des raves, des pommes de terre cuites, des tourteaux de noix, et qui avaient devant eux des baquets où l'on mettait de la farine de sarrasin ou de seigle. Thaër ne parle pas de tout cet accessoire, qui est extrêmement dispendieux et cependant indispensable.

La méthode que nous allons indiquer pour engraisser les animaux de la race bovine est beaucoup plus économique :

On commence à donner chaque jour un double décalitre de topinambours à un bœuf; puis on augmente progressivement cette ration, de manière à ce que ce tubercule devienne la base de l'alimentation de l'individu qu'on engraisse. Un bœuf peut en consommer un hectolitre par jour; il lui en faut environ 60 pendant la période de l'engraissement, qui dure trois mois. On a soin de couper en deux ces tubercules lorsqu'ils sont gros, et il est avantageux de les saupoudrer de sel écrasé.

L'animal ainsi nourri consomme peu de foin et d'autres substances alimentaires. Il est facile de concevoir que cette méthode est beaucoup moins onéreuse que celle qui consiste à obtenir de la graisse avec de la farine de seigle, de sarrasin, de maïs et des tourteaux huileux. On peut engraisser quatre ou cinq bœufs par hectare de topinambours.

DES VACHES.

Dans la Maison Rustique du XIXe siècle, on voit qu'il faut 45 à 55 kilogrammes de fourrage vert par jour à une vache pesant, en vie, 350 à 400 kilogrammes, ce qui équivaut à 12 ou 14 kilogrammes de foin sec.

Mais Grognier prétend qu'une ration de 11 kilogrammes de foin sec est suffisante pour une vache
du poids ci-dessus indiqué.

Royer pense qu'en moyenne, une vache passable
peut donner, dans toute son année, 1,609 litres de
lait, c'est-à-dire qu'en répartissant cette quantité sur
les trois cent soixante-cinq jours, elle donne, dit-il,
l'un portant l'autre, un peu plus de 4 litres par
jour; nous croyons cette assertion exagérée. Nous
nous sommes particulièrement occupé du revenu
que peut rapporter une vache, et nous avons acquis
la certitude qu'en moyenne, une bête passable,
traitée comme ces animaux le sont en général dans
la majeure partie des exploitations rurales, donne à
peine la moitié de la quantité de lait citée ci-dessus.
Mais, enfin, admettons ce rendement et raisonnons
d'après cette base. Si c'est du beurre que l'on veut
obtenir de cette vache, comme il faut à peu près
11 litres de lait pour faire un demi-kilogramme de
beurre, il résulte que, dans cinq jours et demi, la
vache fera 1 kilogramme de beurre, qui vaudra à
peu près 1 fr. 50 c. Mais, pendant cet espace de
temps, elle aura consommé 60 kilogrammes et demi
de foin, qui, à raison de 50 fr. les 1,000 kilogrammes,
occasionneront une dépense de plus de 3 fr., sans
compter les frais de litière, pour produire 1 fr. 50 c.
C'est une belle spéculation!

Ceux qui emploient les vaches à nourrir des veaux

gagnent encore moins ; car, d'après ce que nous
venons de dire, il s'ensuit qu'une vache peut produire dans l'année pour 109 fr. 50 c. de beurre,
tandis que, si l'on se sert de son lait pour nourrir
un veau, on vendra cet élève souvent moins de
75 fr. Les veaux d'Auvergne, qu'on amène dans la
Vienne, n'ont pas coûté ce prix-là dans leur pays
natal.

Nous croyons donc, comme nous l'avons déjà dit
plus haut, qu'en général, l'élève des bêtes bovines
n'offre d'avantage que dans les régions où l'agriculture a fait encore peu de progrès, où le sol est bon
marché, où la terre, sans avoir besoin de culture,
produit naturellement des herbages abondants, et
où l'on a de vastes pâturages à abandonner au bétail.

Mais, dans de pareilles localités, nous pensons
qu'il vaudrait mieux employer le lait des vaches à
fabriquer du fromage qu'à faire du beurre ou des
élèves ; nous affirmons cela d'après l'expérience que
nous en avons faite dans notre pratique.

Nous allons entrer dans quelques détails à ce sujet :

Un soir d'hiver, nous entreprîmes de faire du
fromage de Gruyère, et nous fîmes du Parmesan ;
ayant renouvelé notre expérience, nous fîmes une
espèce de fromage assez semblable au fromage pâte-
grasse de Hollande, mais qui en différait en ce qu'il
était d'un goût plus fin et plus agréable, dit le jury
qui examina ce produit à l'exposition qui eut lieu à
Poitiers, en 1845.

Cependant, il nous manquait une personne qui
s'entendît à donner aux fromages les soins nécessaires pour les conserver et leur faire acquérir de la
qualité, en attendant le jour de la vente; c'est pourquoi nous nous adressâmes à un prêtre, originaire
de la Savoie, et il nous envoya une femme qui apprit
à une de nos domestiques ce que nous désirions
qu'elle sût.

Voilà comment nous fondâmes une fromagerie
alimentée par quinze vaches, qui nous rapportait
chaque année environ 3,000 fr.

La manière de fabriquer ce fromage, qui a eu un
grand succès dans le commerce, est très-facile. Nous
avons toujours trouvé le débit de cette denrée à 70 c.
le demi-kilogramme, et l'avantage est assez grand,
puisque la quantité de lait qui donne un demi-kilogramme de beurre rend un kilogramme et demi de
fromage; le produit est triplé. Du reste, comme les
principes qui forment le beurre et ceux qui consti-
tuent le fromage sont différents, nous obtenions
presque autant de beurre que si nous n'eussions pas
fait de fromage; seulement nous nous occupions
quatre fois du même lait : nous en tirions deux fois
du fromage et deux fois du beurre. Une heure après
que le lait était extrait du pis de la vache, nos
fromages étaient faits. Le second fromage ou Seray,
que nous sortions de notre chaudron, était plus
agréable au goût que le premier, lorsqu'il était

consommé de suite. En y mêlant un peu de
sucre, il devenait un met délicieux; mais il perdait
chaque jour de sa qualité en vieillissant, tandis que
le fromage tiré le premier du chaudron s'améliorait
au contraire en prenant de l'âge. Nous allons indiquer le procédé que nous avons suivi pour fabriquer
nos fromages.

CHAPITRE V.

Description des procédés employés pour la fabrication du fromage imitant celui connu sous le nom de pâte-grasse de Hollande.

NOTIONS PRÉLIMINAIRES.

La fabrication de ce fromage exige fort peu d'ustensiles : un chaudron de cuivre ou de fonte, une cuillère à pot, quelques moules; voilà à quoi ils se bornent.

Les moules doivent être faits en ferblanc ou en bois qui ne puisse communiquer aucun mauvais goût au fromage, être percés de trous qui facilitent l'écoulement du petit-lait, et avoir la forme qu'on veut donner au fromage.

Il faut préparer d'avance le ferment nécessaire pour faire cailler le lait promptement.

Nous employons à cet effet une infusion de caillette ou troisième estomac de jeunes veaux, que l'on tue avant qu'ils aient pris d'autre nourriture que le lait. Pour conserver cet estomac, on le nettoie bien; puis, en soufflant, on le gonfle comme une vessie.

et on le suspend dans un lieu où il puisse sécher promptement.

Quand on veut s'en servir, on en prend une portion quelconque qu'on fait infuser dans une quantité d'eau à peu près pendant vingt-quatre heures ; après quoi l'on peut commencer à s'en servir. Si l'on en préparait une trop grande quantité à la fois, on en perdrait ; car elle finirait par se gâter.

Il ne faut pas laver l'estomac de veau ou caillette à l'eau chaude : il faut la laver à l'eau froide et faire cette opération très-légèrement.

Il ne faut pas non plus mettre infuser cette caillette dans de l'eau chaude : il faut employer de l'eau froide.

On prend, de cet estomac desséché, large à peu près comme le fond d'un chapeau ; on met dans cette partie d'estomac du sel, environ le plein creux de la main ; on enveloppe bien ce sel avec cette partie d'estomac ; on met ce paquet dans un petit vase, et on introduit dans ce vase assez d'eau pour que ce liquide passe un peu par dessus l'objet qu'on y a déposé. Telle est la manière de préparer le ferment.

Il n'est pas possible de fixer à l'avance la dose qu'on en doit mettre dans le lait ; elle varie selon les saisons, les qualités du lait et la force du ferment. L'expérience seule peut guider. Heureusement qu'il n'y aurait d'inconvénient un peu grave qu'autant qu'on forcerait beaucoup trop la dose. Dans ce cas,

la qualité du fromage en pourrait être altérée. Le
contraire ne nuirait qu'à la quantité, en ne coagu-
lant pas complètement le lait.

La suite des opérations de la fabrication rend
tout-à-fait opportun de ne les commencer que le
matin.

Le lait doit être nouvellement trait et n'avoir subi
aucun commencement d'altération. Si celui qui a
été trait la veille au soir se trouve dans ce cas, on
peut le mêler avec celui du jour même; mais auparavant on en retire la crême.

Fabrication.

On met le lait dans un chaudron sur un feu léger, et on l'agite doucement avec une cuillère à pot,
pour que tout le liquide s'échauffe également; quand
la chaleur en est devenue à peu près égale à celle
du lait qui sort du pis; on le retire du feu; on y
mêle avec soin la partie liquide qui constitue le ferment dont nous avons parlé précédemment; on met
un bâton en travers sur le chaudron, qu'on recouvre d'un linge; après douze à quinze minutes,
on s'assure avec la cuillère du degré de consistance
du caillé; si elle n'est pas égale à celle du caillé
qu'on mange, sous le nom de caillé doux, on
attend quelques minutes de plus; alors il forme
une masse peu ferme, dans laquelle la plus grande
partie du petit-lait se trouve engagée. Il faut l'en

séparer. Pour commencer cette opération, on prend
d'abord avec la cuillère, sur un des côtés du chaudron, des tranches de caillé qu'on pose avec précaution sur l'autre côté ; on continue ainsi jusqu'à
ce qu'une assez grande quantité de petit-lait soit
sortie ; ensuite on introduit dans le chaudron un
bâton garni de petites traverses à peu près comme
un bâton de perroquet. On le passe et repasse à travers la masse du caillé, dans tous les sens, jusqu'à
ce que celui-ci se trouve divisé en grumeaux, de la
grosseur d'une noisette. Toutes ces divisions du
caillé ont pour but de faciliter la séparation du petit-
lait. Elles doivent se faire lentement, doucement
et avec précaution ; surtout dans le commencement
de l'opération. Autrement on causerait la dissolution d'une partie du caillé, qui s'en irait avec le
petit-lait.

Quand la division du caillé est ainsi opérée, on
remet le chaudron sur un feu doux ; on continue la
division du caillé avec le bâton, en l'agitant doucement, en tournant constamment. Lorsque le liquide
a repris la chaleur qu'on lui avait donnée la première fois, ou même une chaleur un peu plus élevée, on retire de nouveau le chaudron ; on agite encore pendant quelques instants, puis on laisse reposer.

Si c'est un fromage imitant le pâte-grasse de
Hollande que l'on veut faire, le caillé sera assez
chauffé, si, en en portant une parcelle sous les dents,
on le sent légèrement craquer.

Depuis le commencement de la fabrication, tant sur le feu que hors du feu, on brasse doucement en tous sens le caillé, pendant cinquante à cinquante-cinq minutes. Il faut très-peu de feu.

Lorsque le caillé est précipité au fond du vase, ce qui a lieu quelques minutes après qu'on a cessé de l'agiter, on plonge les mains dans le chaudron; on ramasse, on agglomère les grumeaux de caillé qui se sont réunis au fond du vase et ceux qui restent flottants; on en forme au fond du chaudron une seule masse qui, si on la juge trop forte, est divisée en autant de parties qu'on veut faire de fromages; on fait de chacune d'elles une espèce de boule, qu'on sort avec précaution du chaudron; on la presse assez légèrement dans tous les sens avec les mains (mais sans la rompre), pour en faire sortir le petit-lait. Enfin, on la met dans le moule destiné à la recevoir; on l'y presse encore avec la main; puis on la charge d'une rondelle de bois et de poids en quantité suffisante pour en faire sortir tout le petit-lait. Une charge de 4 à 5 kilogrammes suffit d'abord pour une masse de caillé de 4 kilogrammes. De minute en minute, et six ou huit fois ensuite, on retire le fromage du moule en le renversant sur la main, et on le remet dans un nouveau moule, mais en sens contraire, et en augmentant graduellement les poids dont on le charge jusqu'à 12 ou 13 kilogrammes. On continue d'en agir ainsi, mais seulement de deux heures en deux heures, pendant le reste de la journée.

Le lendemain, on sort le fromage du moule et on le sale en jetant dessus une couche de sel fin, et en frottant les côtés sur un plat plein du même sel. On le pose ensuite sur des rayons dans une cave sèche, et si c'est un fromage mou ou façon de Brie, pour empêcher qu'il ne perde sa forme, on l'entoure d'une bande de canevas, attachée avec une épingle, et on la resserre à mesure que le fromage se dessèche. On retourne celui-ci pendant deux mois et demi tous les jours, et tous les deux jours on le frotte avec un linge imbibé d'eau salée.

27 litres de lait eussent produit environ 1 kilogramme 125 grammes de beurre qui, à 1 fr. 50 c. le kilogramme, font 1 fr. 68 c. En employant ces 27 litres à faire du fromage, on en extrait : une quantité de crême équivalente à 500 grammes de beurre valant 75 c.; plus une masse de caillé qui produira un fromage pesant, lorsqu'il sera bon à livrer au commerce, 3 kilogrammes à 1 fr. 40 c. le kilogramme, font 4 fr. 20 c. de fromage; plus pour 75 c. de crême ou plutôt 75 c. de beurre; total, 4 fr. 95 c. On gagnera donc 3 fr. 27 c. de plus en faisant du fromage qu'en se bornant à fabriquer du beurre.

Manière de faire le Seray.

Lorsqu'on a retiré le fromage, on remet la chaudière sur le feu, et l'on chauffe le petit-lait jusqu'à ce qu'il soit près de bouillir. Lorsqu'il commence

à entrer en ébullition, on a de l'eau froide dans
un vase, et l'on en jette dans la chaudière qui contient le petit-lait, afin de refroidir un peu ce dernier et de l'empêcher d'entrer en ébullition ; puis on
prend du vinaigre, le quart, le tiers ou la moitié de
la grande cuillère à pot, suivant la quantité de petit-lait que l'on a, et on mêle avec la cuillère ce vinaigre à la masse du petit-lait. Bientôt on voit s'élever
à la surface du liquide quelques ondées de crême
bouillonnante ; on s'en empare avec une écumoire, et
l'on peut, en battant cette crême à la manière ordinaire, en retirer du beurre.

En tenant ce petit-lait prêt à entrer en ébullition,
mais en ne le laissant pas bouillir, ayant la précaution de le refroidir de temps en temps avec de l'eau
fraîche, on voit se former à la surface du liquide une
croûte assez épaisse que l'on enlève avec l'écumoire,
et que l'on met dans une assiette après l'avoir laissée
égoutter quelques minutes sur l'écumoire.

Cela se nomme Seray, et lorsqu'il est mangé chaud
avec du sucre, c'est un fort bon mets. Le Seray de
Glaris, en Suisse, jouit d'une grande réputation. On
en fait aussi du fromage médiocre.

Manière de faire du vinaigre avec le petit-lait.

Prenez une poignée de pois ronds, une poignée
de fèves, une petite poignée d'oseille, et gros comme
un œuf de levain ; on en fait un nouet, que l'on pend

par la bonde dans un baril, où l'on met ce que l'on veut de petit-lait.

Fromage de Brie.

Pour faire le fromage de Brie, on s'y prend de la même manière que pour faire le fromage imitant celui de Hollande, avec cette différence seulement qu'on chauffe beaucoup moins le caillé pendant tout le cours de la fabrication. On le chauffe donc très-peu pour mettre le ferment. Lorsque le caillé est bien pris et encore chaud, on le coupe comme il a été dit ci-dessus; on le remet sur le feu et on le brasse avec le bâton de perroquet; on le chauffe de nouveau, de manière à ce que le petit-lait ne soit que tiède ou tant soit peu plus chaud; puis on met le moule de ferblanc au-dessus d'un seau; on ôte le petit-lait de la chaudière avec la cuillère à pot, et on le vide dans le moule, afin que les grumeaux de fromage restent dedans; puis, lorsque le petit-lait est en partie enlevé, on coupe le caillé avec la cuillère à pot, et on le met dans le moule; on retourne ce caillé toutes les deux ou trois minutes, pendant trois fois, puis on place les poids dessus; on le sale et on le soigne comme celui dont nous avons décrit plus haut la fabrication.

Observations diverses.

Une cave voûtée, et ayant plusieurs ouvertures qui se correspondent de manière qu'il y règne des courants d'air, est le lieu qui convient le mieux pour déposer des fromages, afin de les soigner en attendant qu'ils soient bons à manger; cependant, un cellier bien frais peut remplir le même but.

Il ne faut pas que la cave ou cellier soit trop humide. Lorsque les bois qui forment les cadres sur lesquels on place les fromages sont gluants et salissent les mains quand on les touche, les fromages ne sèchent point, et alors ils deviennent amers. Il faut donc s'appliquer à faire passer sur eux des courants d'air qui les sèchent.

On doit saler les fromages de Brie chaque matin, pendant quatre à cinq jours.

Il faut saler les fromages durs, imitant ceux de Hollande, chaque matin, pendant huit jours. Du reste, on reconnaît qn'un fromage a assez de sel lorsqu'on voit tout autour de petites traces semblables à celles que laissent les limaces en passant sur quelque objet.

Il résulte de ce qui précède que, parmi le gros bétail, c'est la vache qui rapporte le plus de revenu; dès lors, il faut bien se convaincre que trois de ces bêtes, convenablement soignées, donneront plus de profit que six médiocrement traitées; c'est pourquoi l'on doit s'arranger de manière à pouvoir, en toute saison, faire entrer dans la ration de ces animaux une certaine quantité de fourrage vert ou de racines. La betterave a beaucoup été vantée comme plante lactifère; mais le topinambour la surpasse infiniment en qualité sous ce rapport, et, comme la culture de ce dernier végétal est beaucoup plus facile et moins coûteuse que celle de la betterave, nous conseillerons aux amateurs de vaches de faire chaque année une ample provision de ces tubercules pour l'hiver.

Une vache employée à faire du fromage peut, en y comprenant le prix de son veau, rapporter brut 200 fr. par an. Or, M. Dezeimeris dit, dans son livre intitulé *Conseils aux Agriculteurs*, page 16 (nous reproduisons littéralement le passage) : « Cent cin-
» quante têtes de gros bétail pour un domaine de
» 125 hectares de terre, près d'une tête et un quart
» de gros bétail par chaque hectare, c'est précisé-
» ment le point où sont parvenues les plus riches
» contrées de l'Angleterre et de l'Allemagne, celles
» où l'on récolte de 30 à 40 hectolitres de blé à
» l'hectare. » On arrive à cet heureux résultat en suivant notre système, c'est-à-dire en employant la majeure partie de ses champs à faire des fourrages-racines et des prairies artificielles.

D'après cela, sur une propriété de 56 hectares, vous pouvez donc entretenir soixante-dix vaches laitières, qui vous produiront en fromage 14,000 fr.

Ainsi, cette manière d'exploiter le sol est fort avantageuse.

Voyons maintenant le bénéfice que l'on peut retirer du menu bétail.

CHAPITRE VI.

DU MENU BÉTAIL.

Des Moutons.

Dans le Poitou, lorsqu'une pauvre femme de la campagne a le malheur de devenir veuve, elle cherche dans son chétif mobilier les objets qui lui sont le moins nécessaires, puis elle les vend et emploie l'argent à acheter cinq à six brebis. Celles-ci lui donnent environ pour 60 fr. d'agneaux et un tas de fumier, qu'elle vend une trentaine de francs; avec ces petites sommes, auxquelles viennent s'ajouter les rares secours des bonnes âmes, elle se procure du blé, et la laine de son troupeau lui sert à vêtir ses jeunes enfants. Six brebis suffisent ainsi pour préserver une famille malheureuse de la faim et du froid.

Il faut peu de nourriture pour alimenter une bête à laine. Cet animal trouve en tout lieu sa pâture. Les pauvres nourrissent leur troupeau en le conduisant, tantôt sous des châtaigneraies, où nos yeux n'aperçoivent que de la mousse; tantôt le long des haies et des fossés qui bordent les chemins; enfin, ces rustiques animaux parviennent à saisir jusque sur les accottements des grandes routes une espèce de gazon serré, et souvent si court que l'homme aurait bien de la peine à le pincer avec le bout de ses doigts.

La brebis qui sauve la veuve et l'orphelin, accroîtrait aussi d'une manière considérable le revenu du riche, s'il daignait lui donner les soins qu'elle mérite; mais en général on ne cultive aucune plante fourragère ni aucune racine pour les moutons; ces malheureux animaux vivent de l'herbe qui croît naturellement dans les pâtis et sur les jachères. Dans quelques fermes cependant, durant l'hiver, on jette, tous les matins, dans les râteliers des moutons, des fanes de jarrosse, ou quelques brassées de paille mélangée d'un peu de foin; mais, depuis le mois de mars jusqu'en décembre, on ne donne généralement rien à l'étable au troupeau.

Il n'y a que les agneaux dont on s'occupe un peu. Dès qu'ils peuvent manger, on leur met dans des auges un peu de son, avec quelques feuilles de lierre coupées menu, et au printemps on leur apporte quelques poignées de trèfle et de luzerne. On voit donc qu'un troupeau de moutons, entretenu de cette manière, coûte fort peu. Cependant, on entend souvent dire aux fermiers que ce sont leurs brebis qui leur procurent le plus de revenu; en effet, ils estiment que chaque bête à laine leur rapporte 10 fr., non compris le fumier, qui vaut 6 fr.; total, 16 fr. par tête. Ces animaux, vivant d'herbes qui seraient perdues et qu'ils recueillent sans frais, sont considérés par le fermier comme ne lui coûtant que la nourriture et le salaire de la bergère, dépense peu considérable, parce que, dans beaucoup de contrées, c'est ordinairement une des filles du fermier qui conduit le troupeau. Lorsque celui-ci se compose de cinquante brebis, il en sort, par conséquent, une valeur de 800 fr.

Il est facile de voir que c'est en effet là le produit le plus net et le plus considérable de l'exploitation; car si chaque personne de la maison gagnait 800 fr. comme la bergère, les cultivateurs n'iraient pas presque nus et ne vivraient pas de pain noir.

Il est donc fort étonnant que l'on ne se livre pas sur une plus grande échelle à l'élève des moutons.

Des races de Moutons.

Nous ne décrirons pas ici les innombrables races de moutons; elles se réduisent toutes à deux genres bien distincts: 1° Les moutons à laine frisée; 2° les moutons à laine lisse. Les premiers ont une taille moyenne, une toison tassée, à mèches très-ondulées, à brins très-fins; leur hygiène exige des pâturages bien sains; les contrées humides leur sont fatales; ils n'utiliseraient pas convenablement de gras pâturages.

Les seconds ont une toison non tassée, à mèches longues, pendantes, pointues, dont le brin, généralement grossier, peut devenir très-fin dans des variétés perfectionnées. Ils arrivent à une taille élevée; ils sont essentiellement propres à la boucherie; ils supportent très-bien l'humidité constante de certains climats, et ne peuvent prospérer sans une nourriture très-abondante.

Du Mérinos.

Pendant plusieurs siècles, l'Espagne posséda seule cette belle race de moutons fins, connus sous le nom de Mérinos; elle en prohibait sévèrement l'exportation; cependant, en 1723, la Suède, en 1765, la Saxe, en obtinrent un troupeau. La France n'eut la même faveur que vingt ans plus tard.

Cette espèce de moutons est moins vive, moins précoce, plus lente à se développer et d'une charpente osseuse, plus forte que nos espèces communes; mais c'est surtout par la toison qu'elle se distingue : sa laine réunit toutes les bonnes qualités.

Dans l'état actuel de l'agriculture française, le Mérinos peut être considéré comme l'espèce la plus productive des bêtes à laine; il demande aussi plus de soin; sa direction exige plus d'habileté.

Des Moutons à longue laine lisse.

C'est en Angleterre que l'on trouve les variétés les plus perfectionnées de cette race, que nous avons désignée sous le nom de moutons à laine lisse. Les moutons que nous possédons en France, dans le nord et dans l'ouest, sont bien inférieurs à ceux de l'Angleterre, sous le rapport de la toison et de la forme du corps.

Les races anglaises, à longue laine lisse, sont très-variées. Les comtés de Durham, d'York, de Lincoln, de Leicester, en fournissent plusieurs. On en trouve d'énormes dans le Lincolshire et le Yorkshire. C'est dans le comté de Leicester que Backwell a créé la race qui porte son nom, ou plutôt celui de sa ferme, appelée Dishleygrange.

Dans la formation de cette race, cet habile éleveur s'est attaché, avant tout, à créer des animaux qui devinssent le plus gras possible ; la laine n'a été, pour lui, comme pour beaucoup d'Anglais, qu'un produit secondaire. On a cherché le contraire dans les améliorations faites en France sur la race ovine.

La graisse se forme, dans les moutons Dishley, à un âge beaucoup moins avancé que dans nos races ; des bêtes de quinze mois peuvent avoir acquis tout leur embonpoint, et être tellement chargées de graisse qu'elles inspireraient de la répugnance en France, et qu'en Angleterre même, on leur reproche de l'excès d'obésité.

Il y a beaucoup de contrées en France, l'arrondissement de Louhans (Saône-et-Loire) notamment, où l'on a renoncé à l'élève du mouton à cause de l'hu-

midité du sol, qui occasionne la mort à l'espèce
ovine à laine frisée, laquelle est pour ainsi dire la
seule répandue en France, et qui ne prospère que
sur les terrains secs; c'est pourquoi il est utile de
savoir que la race de moutons à longue laine lisse
réussit fort bien dans les lieux humides; ce point est
plus essentiel qu'on ne pense, car je crois que les
cultivateurs de l'arrondissement de Louhans ne sont
si pauvres que parce qu'ils ne s'adonnent pas à l'é-
lève du mouton, industrie qui est une des branches
les plus productives de l'art agricole, comme nous
allons le démontrer.

CHAPITRE VII.

Moyens de nourrir un grand nombre de Moutons, tout en semant la même quantité de céréales.

En avril, ou au plus tard durant la première semaine de mai, par un temps humide, répandez à la volée, sans aucun travail préparatoire, de la graine de trèfle incarnat en gousse sur les céréales occupant les champs qui doivent composer les jachères de l'année suivante.

Semé à l'époque que nous indiquons, le trèfle incarnat procure en septembre, sur les terres que nous cultivons, un bon pacage, et, quoique pâturé à cette époque, il donne encore au printemps suivant une coupe abondante.

Il faut environ 75 kilogrammes de trèfle incarnat, en gousse, par hectare. Toutes les fois que nous avons semé la graine en gousse, par un temps humide, nous avons parfaitement réussi. Nous avons, au contraire, manqué quelquefois notre semaille lorsque nous avons employé de la graine mondée. Quand on se sert de cette dernière, il faut, avant de répandre cette semence, herser vigoureusement en long, puis en travers, avec la herse de fer, le champ sur lequel on veut établir ce fourrage ; on répand ensuite la graine, puis on passe sur le terrain une herse de bois un peu chargée, à laquelle on a adapté des branches d'arbres et des épines, afin de recouvrir la semence en grattant ainsi le sol. Il faut à peu près 30 kilogrammes de graine mondée par hectare.

Le hersage, loin de nuire à la récolte qui occupe alors le champ, lui est très-avantageux. Nous avons remarqué que des brins de blé, déchirés par la herse, poussaient de nouveaux jets, plus nombreux et plus vigoureux que les précédents. Il ne faut donc pas craindre de gâter sa récolte en hersant énergiquement.

Si vous avez semé votre trèfle incarnat dans un bon sol, en septembre il sera très-fourrageux, et vous pourrez parquer dessus vos moutons ; au mois de mars, il sera repoussé, et vous y parquerez de nouveau votre troupeau. Le trèfle incarnat devient dur quand il est fleuri, et alors les moutons le refusent ; il faut donc faire attention à ne pas trop tarder à le faire consommer. Lorsqu'on aura une grande étendue de fourrages de cette espèce, on devra en livrer prématurément quelques pièces aux moutons, dès qu'on jugera que ces animaux peuvent s'y rassasier ; ce qui aura lieu à la fin de février ou dans les premiers jours de mars. Si l'on ne commence à se servir de ces herbages qu'au moment de la floraison, on ne recueillera pas de ce fourrage tout l'avantage que l'on peut en retirer.

Lorsque le trèfle incarnat a poussé vigoureusement, qu'il est long, ou qu'on veut faire parquer toute autre plante ayant des tiges élevées, pour empêcher que les animaux ne fassent perdre, par le piétinement, autant d'herbe qu'ils en mangent, le berger fauche deux fois par jour la part qu'il veut donner à chaque repas à ses moutons; l'herbe coupée forme une côte que les Poitevins appellent *endent*. Le berger recouvre cette côte d'une espèce de râtelier double, dont les barreaux sont placés à une distance les uns des autres qui permet aux moutons de passer seulement leurs têtes dans l'intérieur du râtelier, pour saisir la pâture qui s'y trouve. Ces râteliers sont unis à leur partie supérieure par une arête commune; leur écartement forme un angle de 45 degrés; ils ont 83 centimètres de large, et leur longueur est proportionnée à l'importance du troupeau.

Si vous n'avez pas le temps de faire parquer votre trèfle incarnat avant qu'il devienne dur, enfouissez-en quelques pièces; nous nous sommes très-bien trouvé de l'avoir fait.

Aussitôt que vous aurez parqué vos moutons sur un tiers d'hectare de trèfle incarnat, vous vous empresserez de labourer cette surface et d'y semer, mêlés ensemble, des pois quarantins, des fèves, de la moutarde blanche, du seigle de printemps et de l'orge céleste.

A mesure que vous ferez consommer votre trèfle incarnat, en parquant dessus vos moutons, vous continuerez d'ensemencer peu à peu vos jachères, avec les espèces de graines ci-dessus indiquées. Lorsque l'herbe de toutes vos pièces de trèfle incarnat sera consommée, les fourrages hâtifs, que vous aurez semés les premiers, seront bons à être livrés à vos moutons; ces herbages croissent si rapidement que leurs graines, deux mois après avoir été mises en terre, donnent des tiges bonnes à faucher.

Alors vous parquerez de nouveau vos moutons sur les premiers fourrages que vous aurez faits, et, à mesure qu'ils seront rongés, vous continuerez à labourer, et si les gelées ne sont plus à craindre, vous sèmerez dans le même sol un mélange de sarrasin, de millet, de maïs quarantin, d'alpiste, de moha et de pois quarantins.

Dans le Poitou, on peut réitérer cette opération, c'est-à-dire semer des fourrages verts jusqu'à la fin d'août, pour faire parquer le dernier herbage à la fin d'octobre ou au commencement de novembre, parce que les terres sont très-perméables, et que les blés semés du 15 au 20 novembre réussissent souvent mieux que ceux qui ont été confiés au sol en octobre ; mais on fera une récolte de fourrages verts de moins dans les pays où l'on est obligé d'emblaver les champs de très-bonne heure , parce qu'ils sont imperméables, et qu'il deviendrait impossible de les labourer si l'on attendait les pluies , l'eau station- nant à leur surface.

Nous pouvons donc, en général, retirer des ja- chères quatre récoltes de fourrages verts, avant de semer le froment; voici le détail :

En mars et en avril, parcage du trèfle incarnat.

En mai et en juin, parcage des fourrages hâtifs, semés en mars et en avril après le trèfle incarnat.

En août, parcage des fourrages hâtifs, semés en mai et en juin.

En octobre, parcage des fourrages hâtifs, semés en août.

Et comme les plantes vivent beaucoup plus aux dépens de l'air qu'au détriment de la terre, jusqu'au moment où elles fleurissent, on concevra que les cinq fumures données au sol, fort peu absorbées par les fourrages hâtifs, promettront une récolte extrêmement abondante de froment pour l'année suivante, et qu'un domaine, que l'on continuera de cultiver ainsi, deviendra d'une fertilité extraordi- naire, quelle que soit d'ailleurs la nature de son terrain ; car, avec du fumier de mouton, les mau- vais champs deviennent de première qualité.

Mais voyons le bénéfice que le chef de l'exploitation peut retirer de ce système :

Un hectare de bonne luzerne est susceptible de rapporter, chaque année, à la première coupe, 7,000 kilogrammes d'herbe sèche, qui, étant verte, pèse quatre fois plus, c'est-à-dire 28,000 kilogrammes.

Quoique les fourrages hâtifs donnent un produit aussi considérable que celui de la luzerne, afin de ne pas être accusé de tomber dans l'exagération, nous ne baserons nos calculs que sur un rendement de 5,000 kilogrammes d'herbe sèche par hectare, lesquels pèsent, verts, quatre fois plus, c'est-à-dire 20,000 kilogrammes.

En faisant consommer par jour 4 kilogrammes d'herbe verte à chaque mouton, 20,000 kilogrammes de fourrages verts produits par 1 hectare dans une seule récolte, nourriront vingt-sept moutons pendant les six mois d'été.

Comme on fait sur cet hectare, pendant la belle saison, quatre récoltes qui rendent 80,000 kilogrammes d'herbe verte, le produit des quatre récoltes pourra donc nourrir, pendant six mois, cent onze moutons environ par hectare. Ainsi, 10 hectares de ce genre de fourrage rapporteront, dans les quatre récoltes, 800,000 kilogrammes d'herbe verte, qui pourront nourrir onze cent dix bêtes à laine, également pendant six mois.

Dans ce calcul, nous ne comptons pour rien le pacage éventuel que peut rapporter, en automne, le trèfle incarnat semé au mois de mai. Nous supposons que beaucoup de cultivateurs ne s'en serviront pas, dans la crainte de n'en rien obtenir au printemps.

M. Naudin, du Cher, conseiller à la Cour d'appel de Paris, prétend que la toison d'un mouton du Berry pèse de 1 kilogramme 250 grammes à 1 kilogramme et demi; mais il y a maintenant, en France, des races ovines plus avantageuses que celles du Berry. Nous pourrions en citer plusieurs, quoique nous nous contentions de mentionner la belle race des Deux-Sèvres, fort estimée à Sceaux et à Poissy, et nous devons supposer qu'un chef d'exploitation intelligent saura choisir, pour faire consommer son fourrage, les animaux susceptibles de lui rapporter le plus de profit.

Néanmoins, pour éviter de nous engager dans des calculs dont l'exactitude pourrait être contestée, comptons le produit de la laine de ces onze cent dix moutons beaucoup au-dessous de la somme qu'il formerait si nous prenions pour base le poids des toisons des bêtes du Berry. Au lieu de 1 kilogramme et demi, et même de 1 kilogramme 250 grammes, n'évaluons chaque toison qu'à 1 kilogramme, que nous supposerons vendu 4 fr.

D'après ces bases, qu'on ne nous accusera pas

d'avoir exagérées, les onze cent dix moutons donneront pour 4,440 fr. de laine; et comme on peut
admettre que le chef de l'exploitation aura été assez
adroit pour acheter son troupeau de manière à gagner seulement 1 fr. sur chaque bête, par suite de
la croissance des animaux et de l'embonpoint qu'ils
acquerront avec une aussi bonne nourriture, nous
aurons un bénéfice de 1,110 fr. à ajouter à la somme
précédente. Nous voyons donc que les jachères,
improductives chez les voisins, rapporteront, par
notre système, 5,550 fr.; qu'en outre, les terres à
froment auront reçu un labour de plus qu'à l'ordinaire; qu'elles auront été plus fumées à moins de
frais, puisque nous aurons évité, au moyen du parcage, l'extraction de l'engrais des étables, la main-
d'œuvre et tous les charrois que son transport dans
les champs nécessite. Des bêtes nourries à satiété,
comme elles le seraient dans ces fourrages hâtifs,
feraient au moins pour 50 centimes de fumier chaque
mois par tête; les onze cent dix bêtes à laine en
feraient donc, en six mois, pour 3,330 fr., qui,
ajoutés à la somme des profits ci-dessus mentionnés,
portent le total des valeurs créées par votre troupeau à 8,880 fr., ci. . . . . 8,880 fr.

Recherchons maintenant les dépenses dans lesquelles ce système peut avoir entraîné.

Un troupeau aussi considérable ne peut être confié qu'à
un homme de choix, exact, vigilant, aimant les bestiaux

et ayant assez d'intelligence pour soigner les animaux malades. Un pareil homme vous coûtera 500 fr. par an, sans
compter sa nourriture, c'est-à-dire pour six mois, nourriture comprise, et estimée à 50 c. par jour . . . . . . 240^f

On donnera au berger, comme aide, un jeune
homme de quinze à seize ans, qui coûtera, pour
six mois, 40 fr. de salaire et 90 fr. de nourriture;
en tout 150

Il y a trois labours, mais on en donne ordinairement deux sans rien semer. Nous n'avons
donc que celui de surplus à compter. A 15 fr. par
hectare, cela fait, pour 10 hectares 150

Les graines de fourrages hâtifs coûteront, pour
ensemencer un hectare, 42 francs; voici le détail :

Fèves, demi-hectolitre. . . . . 6^f
5 kilogrammes de moutarde blanche 5
Pois quarantins, 1 hectolitre. 14
Orge d'été, demi-hectolitre. 5
Seigle, demi-hectolitre. 6
Orge céleste 6
TOTAL . . . . 42^f

Les semences des fourrages hâtifs, nécessaires
pour emblaver vos dix hectares une première fois,
vous coûteront donc 420 fr., et pour les emblaver
trois fois, l'achat des semences s'élèvera à. 1,260

A quoi il faut ajouter le prix de 590 kilogrammes
de graine de trèfle incarnat mondée, ou 500 kilogrammes, à 50 c. le demi-kilogramme 254

TOTAL général des dépenses pour ensemencer
10 hectares, une fois en trèfle incarnat et trois fois
en fourrages hâtifs, salaires des bergers compris . . 1,994

A reporter. . . . . . 1,994^f

Report 1,994ᶠ

Intérêt à 8 0/0 de 16,650 fr., nécessaires pour acheter onze cent dix moutons, à 15 fr. l'un, somme gardée pendant six mois. 666

TOTAL 2,660

En retranchant cette somme de celle des valeurs créées par le troupeau, laquelle, comme nous l'avons vu, est de. 8,880

On trouve un excédant de recettes sur les dépenses de. 6,220ᶠ

Il y a un article qui, au premier coup-d'œil, pourra paraître lourd, c'est celui des déboursés pour achat de semences de fourrages hâtifs, montant en totalité à 1,260 fr. Mais nous ferons observer que l'époque de la tonte arrivant à peu près dans le temps où l'on devra faire la première semaille de ces fourrages, on se servira d'une partie de l'argent qu'aura produit la laine pour acheter les semences nécessaires.

Le chef de l'exploitation sera fort content de toucher, au printemps, une somme de 4,440 fr. provenant de la tonte, à une époque où le cultivateur n'a souvent plus aucune denrée à débiter. Et comme les moutons en bon état sont fort recherchés en septembre et en octobre, il pourra vendre avantageusement, dans ce temps-là, le troupeau qu'il aura bien nourri pendant tout l'été.

Cette nouvelle rentrée de fonds arrivera encore

dans un moment où le chef de l'exploitation a très-grand besoin d'argent; tous les gens qu'il a employés pendant l'année lui en demandent à la fin de la belle saison.

Cette heureuse circonstance lui permettra de vendre son froment quelques mois plus tard, ce qui pourra lui être favorable.

Vous voilà donc, en novembre, débarrassé de votre troupeau, et, à cette époque aussi, les jachères sur lesquelles vous l'avez nourri pendant toute la belle saison, parfaitement préparées par trois labours d'été, sont maintenant emblavées en froment très-bien fumé.

De la Carotte.

Si vos terres sont imperméables, c'est-à-dire si, pendant l'hiver, l'eau séjourne à leur surface, que vous ne vouliez point exécuter les travaux nécessaires pour les rendre moins humides; enfin, si vous ne cultivez point en grand le navet de Suède, vous n'achèterez un nouveau troupeau qu'au moment où le trèfle incarnat que vous aurez semé au printemps sera assez fourrageux pour être parqué.

Mais si votre sol est perméable et meuble, ou que, du moins, votre terre ne soit pas assez compacte pour s'opposer au développement des fourrages-racines qu'on y sèmerait, vous pourrez nourrir pendant l'hiver un autre troupeau avec des carottes.

Les espèces les plus propres à la grande culture sont la jaune d'Achicourt, la grosse blanche de Breteuil et celle à collet vert. A l'imitation des Anglais, nous avons long-temps cultivé les carottes rouges ; nous les laissions presque tous les ans, pendant l'hiver entier, dans la terre, et les gelées nous causaient peu de préjudice. Dans le nord de la France, cet usage pourrait peut-être avoir de fâcheux résultats.

Les carottes devront être semées dès le mois de février, de la manière suivante :

On prendra autant de fois 5 kilogrammes de graine que l'on voudra ensemencer d'hectares, et on mettra cette graine dans le four, après le pain, lorsque la chaleur permettra de tenir, sans se brûler, la main sur les carreaux ; on laissera la graine incluse dans ce lieu pendant le temps nécessaire pour la rendre extrêmement sèche ; puis on la sortira et on la frottera entre les mains, afin de briser les aspérités qui la recouvrent. Si l'on ne prenait pas cette précaution, les semences se réuniraient ensemble, se pelotonneraient et s'attacheraient aux plantes à travers lesquelles on les jetterait. Les pointes ou barbes dont la graine de carotte est hérissée empêchent cette dernière de toucher, d'adhérer à la terre, lors même qu'elle semble tombée sur le sol ; elles la tiennent en l'air, à quelque distance de la terre, et, dans cet état, ses facultés germinatives s'altèrent. Il est donc fort important, avant de semer cette espèce de graine,

de lui faire subir la préparation que nous venons
d'indiquer ci-dessus.

Après avoir pris ces précautions, dès le mois de
février, lorsque les terres auront été ressuyées par
une série de beaux jours, vous passerez la herse
à pointes de fer dans ceux de vos champs de froment
que vous aurez fumés à l'automne dernier, puis vous
sèmerez à la volée votre graine et vous passerez ensuite le rouleau.

Ceci est plus facile à exécuter sur un terrain cultivé à plat; mais on peut, néanmoins, le pratiquer
sur des sillons, en se servant de herses brisées, que
l'on fera fonctionner ainsi que le rouleau en travers
des champs. Bien entendu qu'il faudra faire exécuter
le tirage de ces herses de manière à ce que la brisure
de l'instrument se trouve parallèle au sommet du
sillon.

On ne mettra point de carottes dans les terrains
pierreux et graveleux, parce qu'ils s'opposent au développement des racines.

Cette plante supporte un plus grand degré d'humidité que la plupart des autres végétaux tubercu-
leux, pourvu que le climat ne soit pas froid.

On a aussi remarqué que, dans les pays où la période culturale est généralement humide, comme en
Angleterre, les carottes donnent un plus haut produit
que dans les contrées exposées à une grande sécheresse.

La racine de la carotte pénétrant fort avant dans la terre, le sol auquel on confie cette plante doit avoir une couche arable assez profonde.

Aussitôt que votre froment aura été moissonné, vous herserez énergiquement dans tous les sens, afin d'enlever la plus grande quantité possible de chaume; puis vous ôterez tous les débris extirpés par la herse.

Quelques jours plus tard, par un beau temps qui succèdera à une pluie qui aura bien abreuvé les terres, vous chargerez fortement votre herse à pointes de fer; vous l'attellerez de quatre chevaux, et vous la ferez passer plusieurs fois dans vos champs de carottes, sans craindre d'endommager ces dernières.

Cette opération doit, autant que possible, être faite dans le courant du mois d'août, parce que c'est en septembre et en octobre que les carottes croissent avec le plus de vigueur; les rayons du soleil sont encore chauds à cette époque, et les pluies d'automne sont très-favorables au développement de la plante.

Par ces procédés fort simples, nous avons obtenu de belles récoltes de carottes; nous ne sommes pas le seul qui ayons eu à nous féliciter de cette manière de cultiver cette racine. M. Dezeimeris paraît aussi avoir employé cette méthode avec succès, et M. Antoine de Roville dit : « Un fait certain, c'est » que les carottes ne craignent nullement le contact » d'autres plantes. Il est inutile d'invoquer à l'appui

» de cette assertion l'exemple des carottes que l'on
» sème dans le colza, dans le lin. Le voisinage des
» parasites même, loin de nuire aux carottes, favorise
» l'accroissement de celles-ci, en couvrant la terre
» d'ombrage et en empêchant le sol de se resserrer,
» ce qui nuirait à l'allongement et au développement
» des racines ; mais il faut détruire, par un sarclage,
» les mauvaises herbes, au moment où ces der-
» nières commencent à fleurir. »

Le même auteur dit, dans un autre endroit :

« Le point de vue sous lequel on a trop souvent
» négligé de considérer les carottes est celui des
» avantages qu'elles présentent comme récolte déro-
» bée, en les cultivant en société d'une autre plante
» qui puisse leur procurer un ombrage salutaire,
» sans les étouffer. Le lin, la navette, le seigle et
» le froment sont les végétaux qui s'associent le
» mieux avec la carotte ; de cette façon, la seconde
» récolte donne quelquefois plus de bénéfice que
» celle du blé. »

Quelques-uns ne réussiront pas en cultivant ainsi
la carotte, parce qu'ils n'auront pas semé leur graine
avec précaution, ni assez de bonne heure. Il ne faut
pas jeter sur la terre la semence, sans passer ensuite
le rouleau. Nous avons quelque raison de croire que
l'action de cet instrument est indispensable. Le
rouleau colle la graine à la terre, et cette circonstance
est très-favorable à l'avenir de cette plante ; car toutes

les fois que nous avons frappé avec le derrière de la pelle un carré où nous venions de mettre des carottes dans notre jardin, nous avons parfaitement réussi.

D'autres feront une récolte insignifiante, parce qu'ils auront hersé mollement, après avoir enlevé le froment.

Enfin, lorsqu'on aura placé sa graine sur un blé passablement fumé, dans un terrain tel que nous l'avons indiqué, on sera à peu près sûr d'obtenir une bonne récolte de carottes si, après avoir hersé vigoureusement à deux fois différentes, on se décide à donner à ces racines un binage à la main.

Pour faire cette opération, on peut se servir avec avantage de la rasette flamande; c'est une pioche légère qui a trois pointes longues de 22 centimètres d'un côté, et qui, de l'autre, est tranchante et acérée, de manière à couper les mauvaises herbes. On enfonce hardiment parmi les carottes, sans craindre de les endommager, la partie de l'instrument qui a les trois dents. Quoique l'on détruise beaucoup de plants, il en restera encore assez si la graine a bien levé.

Douze hommes passant après la herse bineront un hectare en un jour. Si, dans cette saison, chaque ouvrier coûte, nourriture et salaire compris, 2 fr. 50 c., ce sera une dépense de 30 fr. La suite nous apprendra que c'est de l'argent fort bien placé.

La carotte peut produire par hectare, d'après Bürger, environ 23,000 kilog. de racines.

D'après Schubarth, 31,400 kilog. de racines et 6,500 kilogrammes de feuilles.

D'après Schevertz, 34,000 kilogrammes.

D'après Thaër, 34,938 kilogrammes.

Enfin, M. Dombasle a récolté 75,000 kilog. de carottes sur un hectare.

Nous voyons dans la *Maison Rustique du XIVe siècle* que les carottes semées dans une récolte de seigle et cultivées de la manière ci-dessus indiquée donnent, en moyenne, un produit en racines de 23,500 kilogrammes.

Néanmoins, nous ne baserons nos calculs que sur un rendement de 9,000 kilogrammes par hectare; d'où il suit qu'en donnant trois kilogrammes et demi de carottes par jour à chaque animal, on peut nourrir, pendant quatre mois, environ vingt moutons, du produit d'un hectare.

En sorte que, si on avait dix hectares de froment dans lesquels on aurait mis des carottes, on pourrait entretenir avec ces légumes, pendant quatre mois d'hiver, à peu près 200 moutons.

Or, des bêtes à laine qui mangeraient tous les jours, par tête, 3 kilogrammes et demi de carottes, seraient bonnes à livrer à la boucherie au bout de deux mois. Par conséquent, on vendrait au mois de janvier les 200 moutons acquis au commencement de novembre, et en rachetant de suite un pareil nombre d'animaux, que l'on engraisserait de nouveau, on pourrait revendre ces derniers dans les premiers jours de mars. Ce serait donc 400 moutons que vous auriez nourris.

Toutes les fois que nous avons engraissé pendant l'hiver des moutons de belle race, nous avons gagné au moins 12 fr. par tête. Mais supposons que vous ne gagniez que 6 fr. par pièce, ces 400 moutons vous produiront 2,400 fr.

Et comme chaque bête à laine, nourrie de cette manière, vous aura fait pour 50 c. de fumier pendant ces deux mois, ce sera 400 fr.

Vous pouvez tondre vos moutons en commençant à les engraisser. Cette tonte d'hiver ne vous rapportera que les trois quarts de la laine que vous auriez recueillie au printemps, ce qui fera 750 grammes par tête. A 4 fr. le kilogramme, 400 moutons rendront 1,200 fr. à ajouter au produit de votre troupeau, et les valeurs qu'il aura créées s'élèveront à 4,000 fr., ci 4,000ᶠ

Comptons maintenant *les dépenses;* énumérons-les d'abord pour 1 hectare :

Semailles et frais de semence......	50ᶠ	
Trois hersages.................	55	
Un binage	50	
A reporter.....	95ᶠ	4,000ᶠ

Report.....	95ᶠ	4,000ᶠ
Récolte à bras................	60	
Total des frais pour 1 hectare	155ᶠ	
Et pour dix hectares..........	1,550ᶠ	
Intérêts de 5,000 fr., à 8 p. o/o, pendant quatre mois, somme nécessaire pour acheter 200 moutons, à 15 fr. l'un....................	80	1,610

Retranchant cette somme de celle des bénéfices, évalués ci-dessus à 4,000 fr., il reste encore, déduction faite de tous frais, une recette de. 2,390ᶠ

Si vous voulez imiter nos modèles en agriculture, les Anglais, qui ne rentrent jamais leurs moutons à l'étable, été comme hiver, quelle que soit la rigueur de la saison, vous ferez consommer vos carottes lorsqu'elles seront arrachées, en les laissant tout simplement exposées sur le sol, au milieu des moutons qui les dévoreront ainsi. Toutefois, nous croyons qu'il serait mieux, lorsqu'elles seront extraites de la terre, de les hacher avec un coupe-racines; puis de les mettre dans des baquets, à l'intérieur du parc. Les terres où se trouvaient vos carottes étant débarrassées vers la fin de février, vous pourrez alors les ensemencer en froment de mars, en avoine ou en orge d'été, et vous aurez l'espoir de faire une bonne récolte; car, en parquant vos moutons sur vos racines, vous aurez très-bien fumé vos champs, qui ne l'auraient pas été si vous n'aviez point mis de carottes dans vos champs de froment. Ils auraient été emblavés à l'automne en second blé, sans recevoir d'engrais, comme c'est l'usage dans beaucoup de départements.

Cette méthode serait donc extrêmement avantageuse aux chefs d'exploitation, qui recueilleraient nécessairement plus de blé, tout en faisant sur le même sol trois récoltes importantes en deux ans.

Ceux qui craindront que leurs moutons ne se trouvent incommodés de coucher dehors pendant l'hiver pourront les garder dans la bergerie, non-seulement la nuit, mais encore le jour; cela leur occasionnera de la dépense pour conduire la nourriture de leurs bêtes dans l'étable et le fumier dans les champs; mais on sera plus tranquille.

Toutefois, nous leur ferons observer que les Anglais contestent le dicton français, qui enseigne : « que le mouton préfère voir saigner son pied que dégoutter sa laine. » Ils assurent que l'eau de pluie ne pénètre pas jusqu'à la peau du mouton, lorsqu'il a coutume de coucher dehors, attendu que la divine Providence, qui veille à la conservation de toutes les créatures, s'empresse de rendre la laine des moutons plus épaisse à mesure que ces animaux se trouvent plus exposés à l'intempérie des saisons; et que, par cette raison, un mouton qui couche dehors donne une fois plus de laine que celui qui passe les nuits dans une bergerie.

Le titre de ce chapitre était ainsi conçu :

Moyens de nourrir un plus grand nombre de bêtes à laine, tout en semant la même quantité de céréales. Nous croyons avoir démontré cette proposition.

CHAPITRE VIII.

Second moyen d'engraisser un grand nombre de Moutons pendant l'hiver.

Au lieu de mettre de l'orge d'été après vos carottes, semez, dès le commencement de mars, des fourrages hâtifs dans une partie du terrain qui a produit les racines ci-dessus nommées. Après un intervalle de huit jours, vous ensemencerez de la même manière une autre étendue, et la semaine suivante vous ferez encore une semblable semaille. Vous procéderez ainsi de huit jours en huit jours, jusqu'à ce que toutes les terres qui ont produit votre dernier froment soient ensemencées en fourrages hâtifs; vous ferez parquer ces fourrages verts à mesure qu'ils deviendront susceptibles de l'être, et aussitôt que l'herbe sera consommée, vous donnerez un bon labour, et vous sèmerez dans ces terres des rutabagas.

Du Rutabaga ou Navet de Suède.

Le rutabaga est un navet jaune et arrondi; il s'accommode d'une terre légère et médiocre, quoiqu'il la préfère bonne et fumée. Sa racine supporte un froid considérable, et peut être laissée pendant l'hiver dans les champs pour n'être arrachée qu'au besoin. Il faut 3 kilogrammes de graine par hectare ; on doit attendre pour la semer que la terre soit rafraîchie par une pluie abondante, parce qu'il est nécessaire que la plante languisse le moins possible pendant son bas âge, afin qu'elle devienne promptement assez vigoureuse pour n'être pas en quelque sorte absorbée par les pucerons, les altises et les autres insectes, qui lui font un dégât considérable durant les premières semaines de son existence. Il faut semer sitôt que la terre est un peu réchauffée, dès la fin d'avril, si les premiers jours du printemps ont été chauds. En semant de bonne heure, vous aurez la facilité de faire une nouvelle semaille, si, par hasard, vous manquez la première, car vous pouvez confier à la terre la graine de rutabaga jusqu'au commencement de juillet. Comme ce végétal peut se transplanter, de même que le colza et les grands choux, en le semant tôt, on aura mieux le temps de le repiquer, si l'on veut planter quelques champs de cette dernière manière.

Il vaut mieux que le semis soit trop épais que trop clair ; lorsqu'il est trop épais, c'est le moindre inconvénient ; il est facile de l'éclaircir. Des hommes armés chacun d'une espèce de binochon, qui a un seul tranchant large de 22 centimètres, promènent hardiment leur instrument à travers les navets, dont ils détruisent la majeure partie ; ils s'appliquent en même temps à biner et à buter ceux qu'ils laissent subsister. Trois ouvriers, en employant bien leur temps, peuvent éclaircir et biner un demi-hectare de rutabagas dans leur journée.

Si votre récolte de carottes manque, vos rutabagas, qui ne manquent presque jamais, vous serviront à nourrir votre troupeau pendant l'hiver.

Voici l'opinion de M. Royer relativement à cette plante, qui, malheureusement, est si peu employée dans la grande culture en France que la statistique ne la mentionne même pas.

« Moitié chou par sa nature, moitié navet par son » aspect, mais supérieur de beaucoup aux choux et » aux navets par ses propriétés utiles, sa faculté de » se transplanter, sa préférence pour un terrain » moins léger, sa rusticité l'hiver, et surtout sa valeur » nutritive, supérieure à celle de toutes les autres » racines, au moins dans notre opinion, le rutabaga » peut devenir, pour la France, une ressource égale » au moins à ce que furent les navets dans les com-» tés les mieux cultivés de l'Angleterre.

» Nous renvoyons nos lecteurs à l'excellent mé-» moire publié sur cette plante par M. Rieffel dans » son *Agriculture de l'Ouest*, et nous les engageons » à méditer ce travail si remarquable ; ils y puise-» ront le désir de propager cette culture par tous

» leurs efforts ; et le pays les bénirait, s'ils y réus-
» sissaient. »

L'opinion des montagnards cultivateurs de rutabagas donne, comme nous, à ce dernier, le premier
rang parmi toutes les substances fourragères, soit
comme nourriture engraissante, soit comme galac-
togène, et quelques cultivateurs, dit Schwertz, sou-
tiennent qu'un quintal de rutabagas équivaut à trois
quintaux de pommes de terre.

M. Rieffel évalue à 24,000 kilogrammes le poids
des rutabagas que peut produire en moyenne un hectare, sans compter les feuilles et les collets que l'on
retranche pour emmagasiner la plante, et qui peuvent peser 3,000 kilogrammes. Quoique tous les auteurs s'accordent à dire que la valeur nutritive de ce
légume soit supérieure à celle de toutes les autres
substances fourragères, nous ne la considérerons cependant que comme égale en qualité à la carotte, et
nous fixerons la ration de chaque mouton à 3 kilogrammes et demi. Au lieu d'un rendement par hectare de 24,000 kilogrammes annoncés par les auteurs, nous ne baserons nos calculs que sur celui de
16,000 kilogrammes. Avec cette quantité de nourriture, on pourra tenir à l'engrais trente-huit moutons
pendant quatre mois ; mais comme, en alimentant
ainsi votre troupeau, il vous faudra un peu moins
de deux mois pour l'engraisser, lorsque vous l'aurez
livré à la boucherie, en achetant de suite un pareil

nombre d'animaux, cela fera soixante-seize moutons par hectare, que vous pourrez engraisser pendant les quatre mois de la mauvaise saison.

Manière de faire consommer les Rutabagas.

Vers la fin d'octobre, vous parcourrez vos champs de rutabagas, et vous ferez arracher çà et là les plus beaux, qu'on déposera dans un lieu où ils seront à l'abri de la pluie ; ceux-ci serviront pour les vaches laitières, pour les jeunes agneaux, pour les truies mères, pour les jeunes cochons, etc.

Le rutabaga se conserve parfaitement jusqu'au mois de juin. Cette provision faite, vous parquerez votre troupeau sur les navets de Suède qui resteront dans vos champs. Les moutons dévoreront d'abord la feuille, puis ils creuseront la racine avec leur mâchoire inférieure, de manière à ne laisser que le pourtour, c'est-à-dire la peau de la plante, dans la terre.

Lorsqu'une pièce de navets de Suède a été rongée de la sorte par les bêtes à laine, on y conduit les cochons, qui achèvent de consommer le reste.

De cette manière, vous n'avez pour ainsi dire aucuns frais de main-d'œuvre pour récolter vos racines, et par le parcage vous donnez à votre terre une bonne fumure, aussi sans dépense pour transporter votre engrais.

Mais si vous désirez épargner de la peine à vos

moutons, vous aurez plusieurs ouvriers qui précéde-
ront votre parc, et qui arracheront chaque jour la
quantité de rutabagas nécessaire pour nourrir vos
bêtes à laine. Vos gens auront un coupe-racine, ainsi
qu'un nombre suffisant d'auges dans lesquelles ils
déposeront les navets coupés à tranches minces. En
consommant ainsi les rutabagas, vos moutons ne feront presque pas de déchet.

Si vous ne voulez pas laisser votre troupeau
exposé, pendant la mauvaise saison, aux intempéries
de l'air, rentrez-le dans la bergerie, et tondez immédiatement tous les animaux que vous voudrez
engraisser; leur laine sera suffisamment repoussée
lorsqu'ils seront bons à livrer à la boucherie. D'ailleurs, la plupart des bandes de moutons qui arrivent,
été comme hiver, sur les marchés de Sceaux et de
Poissy, sont tondus. Débarrassées de leur laine, vos
bêtes se porteront mieux, car elles auront moins
chaud dans la bergerie, où la température est toujours beaucoup trop élevée. Ce sera 3 ou 4 fr. par
tête dont vous pourrez vous servir de suite, en attendant que vos moutons soient gras. Nous n'évaluerons
le produit de cette tonte d'hiver qu'aux trois quarts
de la valeur de celle du printemps, ce qui fera donc
750 grammes de laine par tête. A 4 fr. le kilogramme, fait, pour soixante-seize moutons nourris
par hectare, 228 fr.

Ainsi la laine de sept cent soixante moutons engraissés par 10 hectares de rutabagas, formerait la somme de 2,280 fr.

Pour moins dépenser en litière, vous aurez soin, pendant l'été, de rentrer sous un hangar de la terre que vous aurez bien fait sécher en la faisant piocher plusieurs fois au soleil pendant les grandes chaleurs. Tous les matins, vous ferez mettre dans votre bergerie une couche assez épaisse de cette terre ; elle absorbera les urines de votre troupeau, augmentera la quantité de vos engrais et donnera à votre bergerie un aspect moins malpropre, en recouvrant et durcissant les parties molles, surtout si la terre que vous emploierez se trouve sablonneuse.

M. Malingié, directeur de la Ferme-Ecole de La Charmoise (Indre-et-Loire), emploie, pour servir de litière, les débris crayeux ou marneux qui se trouvent dans les carrières, entre chaque lit de pierre. Ces matières deviennent si dures, lorsqu'elles sont imprégnées d'urine et de fiente, qu'on est obligé d'employer la pioche pour nettoyer les étables. Il fait tant de cas de ces débris, qu'il va les chercher à 6 et même à 8 kilomètres. Nous avons vu des matières du genre que M. Malingié emploie, dans beaucoup d'autres lieux ; il y a un grand nombre de carrières dans la Vienne où il s'en trouve abondamment. Nous en avons employé et nous en avons obtenu de très-bons résultats.

Ces substances ont l'avantage incalculable de re-

cueillir et d'absorber les urines beaucoup mieux que
la paille. Cependant, nous devons convenir que les
bêtes sont plus mollement couchées sur une bonne
litière de chaume que sur des débris de carrières.
(On a soin d'en ôter les pierres et de ne se servir que
du sable et de la marne.) Toutefois, nous avons pratiqué ce système assez long-temps dans toutes nos
étables, sans avoir remarqué que la santé de nos
bestiaux en souffrît. Quelques chimistes conseillent
de placer dans l'étable, par-dessus ces matières, une
couche de paille, parce que, disent-ils, dans la con-
fection des fumiers, on doit s'attacher à conserver
l'azote que certaines plantes prennent dans le sol au
lieu de l'absorber directement dans l'air, ainsi que
le font quelques autres végétaux. C'est pourquoi,
toutes les fois qu'on emploie la marne, le tuf ou les
calcaires très-divisés pour former des litières, ces
Messieurs pensent qu'il est nécessaire de faire alterner
dans l'étable les couches terreuses avec des lits de
paille, parce qu'ils prétendent que, si les litières terreuses ont la propriété de conserver les urines, elles
ont le défaut de laisser évaporer l'azote plus que la
paille, et l'expérience leur a également appris que,
lorsqu'on alterne de la manière dont nous venons de
parler, cette combinaison laisse fort peu évaporer
l'azote qui est si utile aux végétaux. En sorte que les
fumiers préparés d'après ce procédé paraissent à ces
savants être les meilleurs.

Il est essentiel de remarquer que sept à huit cents moutons consommeraient en litière, pendant l'année, pour une très-forte somme de paille, et qu'il est souvent fort difficile de faire rentrer l'argent que l'on pouvait se dispenser de débourser ; c'est pourquoi, par économie, nous employons des matières terreuses.

Cette manière d'entretenir vos bêtes à laine vous entraînera dans une plus grande dépense que les méthodes indiquées les premières. Enlever les collets des navets de Suède, arracher ces derniers, les engranger, les couper, les porter à l'étable, renouveler la litière, sortir le fumier de la bergerie et le conduire dans les champs, tout cela exige un grand nombre de charrois et beaucoup de main-d'œuvre. Nous vous avons enseigné plusieurs pratiques, ce sera à vous maintenant de choisir celle que vous croirez la plus avantageuse.

A la fin de février, vos terres seront débarrassées des navets de Suède qu'elles auront produits ; vous pourrez alors y semer du froment de mars, de l'orge d'été ou de l'avoine dans lesquels vous mettrez du trèfle ou de la luzerne. L'immense quantité d'engrais que vous produirez vous permettra de fumer considérablement vos semailles et de récolter beaucoup de grain. Si vous arrivez au point de ne jamais semer aucune céréale sans la fumer, vous serez assuré de faire toujours de bonnes récoltes, et votre propriété, fût-elle de la dernière classe, deviendra de la plus

grande fertilité ; car l'engrais de moutons est celui
de tous, sauf la colombine, qui active le plus la végétation.

Calculons maintenant les dépenses que cette culture vous a occasionnées, et voyons si vous avez eu
plus de profit à vous occuper d'engraisser des moutons avec des rutabagas que d'emblaver vos terres
en second blé d'automne sans être fumées :

1º Le fourrage hâtif que vous avez fait en
mars vous a coûté, pour 10 hectares, en achat
de semences et en labours.................. 420ᶠ

Voici le détail des frais pour un hectare semé
en rubatagas :

Fumure..................... 252ᶠ
Graine   12
Labour......................   15
Binage et éclaircissage...........   15
Main-d'œuvre pour récolter.......   40
Loyer d'un hectare pendant une demi-
année...........................   24
Pour une demi-année d'impôts   2
                                   _____
        TOTAL de la dépense....... 558ᶠ

Et pour dix hectares, elle sera de........... 5,580ᶠ

TOTAL général des frais de culture de dix hectares de fourrages hâtifs et de rutabagas....... 4,000ᶠ

A quoi il faut ajouter l'intérêt de quatre mois
de la somme qui a servi à acheter les moutons,

                    A reporter...... 4,000ᶠ

Report........ 4,000^f

à 15 fr. par tête. Comme on n'en tiendra que 580 à la fois, il faudra donc, pour les acheter, 5,700 fr., dont l'intérêt pour quatre mois, à 8 p. o/o, s'élève à.................................... 152

Plus deux grammes de sel chaque jour par tête, environ pour 25 fr. en tout, pendant deux mois.. 25

En donnant 250 grammes de foin chaque jour par animal, les 760 en consommeront 22,800 kilogrammes. A raison de 25 fr. les 500 kilogrammes, cela fait 1,140

TOTAL général de la dépense........ 5,317^f

Voyons maintenant à combien s'élèvent les valeurs créées par vos rutabagas.

Nous évaluerons à 1 fr. le fumier fait par chaque mouton, pendant deux mois ; 760 moutons vous produiront donc en fumier.................. 760^f

Ils pourront rapporter 6 fr. de bénéfice par tête. Ces 760 bêtes à laine, engraissées pendant l'hiver, produiront donc 4,560

Ajoutons à ces sommes celle de............ 2,280
produite par la tonte d'hiver, c'est-à-dire que les valeurs créées par les bêtes à laine qui consommeront vos rutabagas s'élèveront à........... 7,600

Dont il faut retrancher la somme générale des dépenses, qui est de..................... 5,317

TOTAL des valeurs créées, quittes de tous frais, par 10 hectares de rutabagas................ 2,285^f

Turneps globe blanc.

Nous ne terminerons pas cet article sans recommander le turneps globe blanc, qui est un navet extrêmement estimé en Angleterre pour la nourriture des hommes et pour celle du bétail; on peut le semer jusque dans les premiers jours d'août; mais il est mieux de le confier à la terre un mois plus tôt. On peut le faire succéder à la jarosse, aux fèves, aux pois, et le mettre dans des champs où le rutabaga aura manqué.

Ce navet vient énorme lorsqu'il est fumé, convenablement soigné, et qu'il se trouve dans le terrain qui lui convient (un sol plutôt frais qu'ardent); il est très-tendre, fort agréable au goût, et il supporte d'assez fortes gelées, quoi qu'il sorte un peu hors de la terre. Nous en avons toujours eu de bonnes récoltes.

Ray-Grass.

Nous avons obtenu d'excellents résultats des ray-grass d'Angleterre et d'Italie mélangés *(Lolium perenne et lolium italicum)*, lorsque nous les avons placés sur des terres fraîches et bien fumées; cette dernière condition est essentielle, même dans de très-bons fonds. Avec de l'engrais de moutons, nous avons créé un très-bon pâturage de rays-grass d'Angleterre, qui a duré pendant sept à huit ans, sur une terre froide, maigre et siliceuse; mais nous n'avions pas ménagé le fumier.

Le ray-grass d'Angleterre est considéré comme une des plantes qui contiennent, sous un petit volume, le plus de substances nutritives. Les bergers de la vaste plaine de La Craux, où elle vient çà et là naturellement, paraissent être de notre opinion, puisqu'ils disent de cette graminée « que bouchée fait ventrée. »

Nous croyons qu'il doit être très-avantageux à celui qui veut entretenir un troupeau de moutons d'avoir plusieurs pièces de ray-grass d'Angleterre et d'Italie mélangés. Le ray-grass d'Italie donne de suite beaucoup plus que celui d'Angleterre; il repousse plus promptement; mais il dure moins longtemps; il a l'inconvénient de tenir moins au sol; les bestiaux l'arrachent souvent en paissant, et le pâturage se trouverait promptement trop clair si on ne lui associait pas le ray-grass d'Angleterre.

Voici comment vous pouvez procéder : au mois de mai, en faisant un fourrage hâtif, mêlez à votre semence 25 kilogr. par hectare de graine de ray-grass d'Angleterre, 25 kilogr. de ray-grass d'Italie et 3 kilogr. de trèfle blanc *(trifolium repens)*; semez dans une terre qui ne redoute pas trop la chaleur. Lorsque votre fourrage hâtif sera bon à faire consommer, votre rays-grass, resté en dessous, sera encore fort insignifiant; mais, sitôt que le premier aura été

parqué, le ray-grass, excité par la fumure du parcage, végétera avec une telle activité qu'au bout de
peu de semaines, il formera un pâturage admirable.
Vous pourrez nourrir, pendant tout l'été, trente-deux
moutons sur un hectare de ray-grass semé en bonne
terre fraîche et bien fumée, tandis que le même sol,
sans engrais, vous donnera un produit fort médiocre.

Pour tirer le parti le plus avantageux de votre
pâturage, il ne faut pas laisser vaguer au gré de
leurs caprices vos moutons dans toute votre pièce;
vous les enfermerez dans un parc, en commençant
à un bout de votre hectare à faire consommer
l'herbe, et lorsque votre parc sera arrivé à l'autre
extrémité, l'espace que vous aurez fait pâturer le
premier par vos trente-deux moutons sera couvert
d'une nouvelle herbe longue et fourrageuse, qui les
rassasiera de nouveau. Vous ferez encore parquer
cette jeune herbe; seulement, pour ne pas prodiguer
une trop grande quantité de fumier au même espace,
vous pourrez avoir un autre parc sur d'autres pièces
qui auront besoin d'engrais, et vous y conduirez
chaque soir coucher vos bêtes à laine.

Il y a des races de moutons plus délicates, plus
difficiles les unes que les autres, et si vous avez un
troupeau qui refuse de manger la première herbe,
repoussée aussitôt après le parcage, à cause de son
contact avec des excréments, il faudra alors se hâter

de faire passer la faulx pour abattre cette première herbe dès que celle-ci sera assez longue pour être tranchée par l'instrument ; vous laisserez sur le sol cette verdure qui ne mérite pas d'être recueillie, et si vous avez fait cette opération aussitôt que la longueur de la plante vous aura permis de la pratiquer, votre ray-grass sera encore assez fourrageux pour être pâturé au commencement de la pièce, lorsque votre parc aura passé sur toute l'étendue de votre hectare.

Ce pâturage pourra vous servir pendant trois ans ; et combien l'herbe tendre et nourrissante qui y croîtra sera profitable à vos brebis mères et à vos agneaux ! Le trèfle blanc, que la chaleur n'empêche point de végéter, n'apparaîtra que la seconde année, et ce sera principalement la troisième qu'il sera utile, alors que le ray-grass sera sur son déclin, surtout si vous avez soin, au mois d'avril, de répandre un peu de plâtre dessus.

Un hectare nourrissant trente-deux moutons pendant neuf mois, et chaque mouton pendant cet espace de temps pouvant rapporter 6 fr. de bénéfice, il suit de là que l'hectare de ray-grass produira :

1º Gain individuel des bêtes à laine . . . .   192^f » ^{c}

2º Pour 50 centimes par mois de fumier par tête ; pour neuf mois, 4 fr. 50 c. 52 fois 4 fr. 50 c. font.   144   »

A reporter . . . .   556^f » ^{c}

Report . . . . . . 556^f » ^{c}

Neuf mois sont les trois quarts de l'année ; c'est pourquoi nous ne compterons que les trois quarts de la récolte de la laine, ce qui fera 750 grammes par tête ; à 4 fr. le kilogramme pour 52 moutons, donnent . . . .   96 »

Ces trois sommes réunies font 452 fr. qui représentent le produit brut d'un hectare de ray-grass employé à nourrir des moutons ; ci . . . .   452 »

DÉPENSES.

Le ray-grass devant être semé dans des fourrages hâtifs, nous mettons à sa charge moitié de la fumure ; ci . . . .   126^f » ^{c}
Moitié du labour   6   50
Il faut 50 kilogrammes de graine de ray-grass par hectare, tant ray-grass d'Angleterre que d'Italie. Le premier coûte 50 centimes le demi-kilogramme, et le second coûte 50 centimes . . . .   40 »
Plus 5 kilogrammes de trèfle blanc, à 1 fr. l'un, fait   5   »
Plus 48 fr. pour le loyer de la terre.   48 »
Plus pour impôts   4   »

TOTAL des frais à déduire des recettes. 227^f 50^c 227 50

204^f 50^c

Les recettes étant de 432 fr., il reste donc de bénéfice net, pour la première année, 204 fr. 50 c., et pour chacune des deux suivantes, comme il n'y aura plus de frais de semence, de labour ni de fumure, le bénéfice net sera de 377 fr.; la moyenne indiquerait alors un revenu net par hectare de 319 fr. 50 c.

Des Choux.

Grognier dit que les feuilles épaisses des choux sont un fourrage précieux, surtout pour les ruminants; ces feuilles contiennent un mucilage sucré, délayé dans une grande quantité d'eau et de la fécule verte; c'est le fourrage le moins nutritif proportionnellement à son volume. D'après cet auteur, 300 kilogrammes de choux équivalent à peine à 1 quintal de sainfoin; d'où il suit que, si 1 kilogramme sec de ce dernier est nécessaire pour alimenter un mouton pendant un jour, il faudra à cet animal une ration journalière de 6 kilogrammes de feuilles de choux.

On cultive principalement, pour le bétail, les trois variétés suivantes :

1° Le vert commun, à feuilles larges, ondulées, à côtes saillantes, ne pommant pas, à tige grosse, s'élevant de 66 centimètres à 1 mètre, produisant beaucoup; sa culture est la plus étendue.

2° Le chou cavalier; nous en avons vu de 3 mètres 33 centimètres de hauteur; leurs tiges étaient énormes et très-dures. Ce végétal produit des feuilles d'une largeur extraordinaire; son tronc renferme une moëlle extrêmement nourrissante. Un champ de choux cavaliers, ayant bien réussi, lorsqu'ils sont dans toute leur vigueur, excite l'admiration des passants, et la masse de fourrage qu'on peut retirer, à l'aide de cette plante, d'un terrain peu vaste est incroyable. Malheureusement cette variété a le défaut de geler plus facilement que les autres espèces; la neige surtout lui est très-funeste, lorsqu'elle fond sur ses feuilles après y avoir été glacée.

3° Le chou branchu du Poitou s'élève moins haut que le précédent; ses feuilles sont moins larges, mais ces désavantages sont compensés par la multiplicité de ses branches latérales, surmontées chacune d'une tête qui produit des feuilles.

On le cultive principalement dans la Bretagne et dans le Poitou. Grognier estime qu'un hectare, composé de quinze à vingt mille pieds, produit 100,000 kilogrammes de fourrage vert.

De la culture en grand des Choux.

On sème les variétés de choux dont nous venons de parler en pépinière, dans un coin du jardin, dans les premiers jours de mars ou de juillet; on replante les premiers semis après une pluie, pendant le mois de juin, et l'on confie à la terre les seconds durant l'hiver suivant.

Deux mois avant de faire sa plantation, on laboure et l'on met à sillons le champ où l'on veut placer ses choux; puis l'on amène du fumier que l'on répand dans les raies, et l'on ouvre les sillons que l'on refait ensuite avec le buttoir; les ouvriers ont chacun, dans la main gauche, un panier contenant des plants de choux, et leur droite est munie d'une toute petite houe ayant un manche de 40 centimètres de longueur; ils plongent cet outil dans le sommet du sillon, et, en retirant un peu vers eux l'instrument, ils pratiquent un trou dans lequel ils glissent un chou tout le long du fer de la houe; ils enfoncent ainsi le plant jusqu'au collet, puis ils sortent leur outil. Alors la terre qui n'a pas été enlevée, mais seulement soulevée, retombe sur le chou, qui se trouve butté jusqu'à la naissance des feuilles.

Chaque ouvrier plante son sillon, en plaçant les choux à environ 66 centimètres de distance les uns des autres. Cette opération se fait assez rapidement, parce que l'ouvrier qui serait paresseux resterait loin derrière ses camarades, et son amour-propre en souffrirait.

Lorsque les mauvaises herbes sont nées, quinze jours après que la plantation a été faite, on passe la houe à cheval dans les raies, de manière que l'instrument approche le plus près possible des choux; puis on relève la terre avec le buttoir. Un homme avec une houe suit la charrue, et achève l'ouvrage que l'instrument a laissé imparfait. Quand la plantation a été faite en hiver de la manière que nous avons

8

indiquée plus hàut, on sème une fève entre deux
choux ; on a ainsi une seconde récolte sur le même
terrain. Les fèves ne nuisent pas aux choux, et elles
sont mûres avant que ces derniers soient assez déve-
loppés pour les gêner elles-mêmes.

Les choux plantés en hiver ne montent qu'au
second printemps ; c'est pourquoi, dans le mois de
février qui précède leur floraison, on peut passer la
houe à cheval, attelée de deux bêtes, non de front ,
mais l'une derrière l'autre comme à la charrette; on
ramène ainsi les deux côtés des sillons dans le milieu de la raie; puis on sème à la volée de l'avoine,
après quoi l'on passe le buttoir qui couvre le grain
en reformant les sillons.

Vous faites ainsi trois récoltes en deux ans sur le
même champ, savoir : des fèves, des choux et de
l'avoine.

Dans le courant du second printemps de l'existence de vos choux, lorsque ceux-ci sont en fleur,
vous les coupez rez terre; vous hachez le tronc, les
rameaux et les feuilles, et vous donnez cette pâture
aux cochons, aux moutons, aux bœufs; les vaches
laitières surtout en sont fort avides. Les bœufs de
Cholet, qui ont de la renommée à Paris, sont engraissés avec des troncs et des rameaux de choux
montés et hachés.

Au lieu de couper près du sol les tiges de nos
choux pour les faire consommer lorsqu'ils étaient

fleuris, il nous est arrivé plusieurs fois de les laisser produire de la graine; elle est aussi bonne à brûler que celle du colza, car le colza est lui-même un chou. Cependant on dit que pour manger, elle est un peu moins agréable au goût. Il nous a semblé que nous avions autant de profit à récolter la graine de nos choux qu'à faire consommer les tiges.

Lorsque ces végétaux sont enlevés du champ, on peut y semer du sarrasin ou un fourrage hâtif.

Valeurs brutes créées par un hectare de choux.

Nous avons vu plus haut qu'un hectare de choux produit 100,000 kilogrammes de fourrage, et qu'il faut à un mouton, pour le nourrir, 6 kilogrammes de feuilles par jour, d'où il suit que 1 hectare de choux nourrira, pendant un an, 46 bêtes, qui donneront en laine et en croît chacune 10 fr. de bénéfice, ce qui fait....................... 460^f

Plus, par tête, 50 c. de fumier chaque mois... 276

Le champ a rapporté 5 hectolitres de fèves, à 12 fr. l'un.............................. 60

Plus un char de racines de choux, formant un bon combustible.......................... 5

TOTAL des valeurs brutes produites par un hectare de choux 801

DÉPENSES.

Un premier labour	13^f	
Fumure comme pour le froment......	252	
A reporter...	265^f	801^f

Report......	265ᶠ	804ᵗ
Second labour....................	15	
Frais de plantation................	18	
Semaille des fèves.................	5	
Demi-hectolitre de fèves pour semence.	6	
Binage à la houe à cheval et au buttoir.	12	
Pour impôts....................	4	
Pour loyer d'un hectare, pendant un an et demi...........................	72	
Cueillette et transport des feuilles.....	60	
Transport des tiges...............	1	
TOTAL des frais........	456ᶠ	456

Qui, retranchés des recettes, réduisent les valeurs créées par un hectare de choux employés à
nourrir des brebis, quittes de tous frais, à...... 545ᶠ

Résultat très-avantageux.

De la Betterave.

BETTERAVE CHAMPÊTRE-DISETTE.

Dans une grande exploitation, il est indispensable
d'avoir au moins un hectare de betteraves, parce
que les feuilles de cette plante sont d'un grand secours pour la nourriture des agneaux, des vaches et
des cochons, pendant les mois de juillet et d'août,
époque où la plupart des autres plantes et les trèfles
eux-mêmes, brûlés par les ardeurs du soleil, atten-
dent pour reverdir les premières pluies d'automne.

C'est donc surtout en considération du fourrage vert
que cette plante procure pendant le temps de la ca-
nicule que nous conseillons de semer un champ de
betteraves.

Nous savons bien que d'effeuiller cette plante nuit
au développement de sa racine, mais nous trouvons
que les feuilles, à l'époque où nous les cueillons,
nous sont plus nécessaires alors que ne le sera, pendant l'hiver, le surplus du noyau dont le feuillage
nous prive.

Une autre raison nous engage aussi à conseiller
d'avoir, tous les ans, au moins un champ de betteraves. C'est que cette racine procure aux vaches beaucoup de lait d'excellente qualité, et qu'enfin son
produit est énorme, puisque Royer évalue, en
moyenne, le rendement d'un hectare de betteraves
à 27,298 kilogrammes de racines et à 9,099 kilogrammes de feuilles et collets; total, 36,397 kilogrammes de fourrages.

La culture de la betterave offre donc de grands
avantages; mais elle a aussi son mauvais côté. Ainsi,
il est infiniment plus facile et moins coûteux d'obtenir de bonnes récoltes de rutabagas et de topinambours que de betteraves; ajoutez que nous croyons
les deux précédentes racines plus propres à engraisser les animaux que la betterave. C'est pourquoi,
sur une étendue de 56 hectares, nous restreignons
à un l'étendue que nous accordons à cette plante.

En donnant par jour à chaque mouton une ration de 5 kilogrammes et demi de betteraves,
56,597 kilogrammes nourriront pendant toute
l'année 28 moutons, dont la laine et le croit
peuvent être évalués à 10 fr. par tête ; ci....... 280f

Pour 6 fr. de fumier par tête 168

Total des valeurs créées par 1 hectare de betteraves 448

DÉPENSES.

Loyer d'un hectare.............. 48f
Deux labours................... 26
Semence....................... 6
Ensemencement 5
Deux sarclages et binages........ 20
Récolte et transport............. 52
Moitié de la fumure, le froment
devant profiter de l'autre moitié...... 126

Total des frais de culture d'un hectare de betteraves................ 261f   261

Qui, retranchés de la somme des bénéfices
s'élevant à 448 fr., donnent la somme de...... 187f
qui exprime les valeurs nettes créées par un hectare
de betteraves employées à nourrir des moutons.

CHAPITRE IX.

———

Comparons les résultats qu'on obtient en cultivant un domaine selon les usages établis et suivis généralement dans la Vienne et dans beaucoup d'autres départements, à ceux qu'on aurait en cultivant les plantes que nous avons indiquées et les employant à nourrir des moutons.

════

Pendant le cours de cet ouvrage, nous avons raisonné comme si nous eussions opéré sur une étendue d'environ 56 hectares de terres labourables, ayant, en sus, des bois et des vignes dont nous ne nous occupions pas. Nous supposions aussi que cette exploitation était dirigée par un bourgeois, propriétaire ou régisseur de ce domaine. En continuant d'admettre les mêmes hypothèses, ce domaine, cultivé dans la Vienne à la manière du pays, serait soumis à l'assolement suivant, que nous appellerons *assolement de plomb*.

15 hectares	30 ares	de froment.
7	39	de trèfle.
15	70	de mouture.
4	56	d'avoine d'hiver.
7	»	d'avoine d'été ou orge d'été avec trèfle.
4	»	de pommes de terre.
»	16	de betteraves.
9	»	de jachères.

Total... 56 hectares 41 ares.

Maintenant, nous allons présenter aux regards de nos lecteurs un tableau sur lequel on pourra saisir d'un seul coup-d'œil les recettes et les dépenses produites par l'assolement ci-dessus indiqué, d'après lequel la majeure partie des terres sont employées à la culture des céréales.

(Voir le Tableau ci-contre.)

Quelques réflexions au sujet du Tableau n° 1.

On nous objectera peut-être que, dans le tableau n° 1, nous n'avons mentionné aucun bénéfice provenant des bestiaux. Nous avons agi ainsi parce que nous croyons que les produits que vous faites sur cet article sont fort peu considérables ; car nous avons démontré qu'en général votre gros bétail vous coûte plus qu'il ne vous rapporte, et c'est pré-

ASSOLEMENT DE PLOMB

Ou Assolement en usage dans plusieurs départements du Centre et de l'Ouest de la France.

Hectares.	Ares.	Cent.	NOMS DES PLANTES qui occupent le terrain.	MÉMOIRE pour aider à calculer les Recettes.	RECETTES.	DÉPENSES.	MÉMOIRE pour aider à calculer les Dépenses.
15	50	»	Froment.	Si un hectare produit 14 hectolitres de froment, à 16 fr. l'un, poids de 80 kilog. complété, il rapportera 224 fr. (voir p. 16.) On a 160 kilogrammes de paille par chaque hectolitre de grain; les 14 hectolitres font donc présumer 2,240 kilogrammes de paille, à 12 fr. 50 c. les 500 kilogrammes, font 56 fr. Total, 280 fr. pour 1 hectare, et pour 15 hectares 50 ares, cela donnera 5,724 fr., ci	5,724 » »	6,876 25 c	Un hectare coûte 317 fr. 01 c. à cultiver; ainsi 15 hectares 50 ares coûteront donc 6,876 fr. 25 c.
15	70	»	Mouture.	Un hectare rapporte 8 hectolitres de mouture, à 12 fr. 50 c. l'un, fait 100 fr. On a 150 kilogrammes de paille par chaque hectolitre de ce mélange de grain; les 8 hectolitres font donc présumer 1,200 kilog. de paille, à 12 fr. 50 c. les 500 kilogrammes, donnent 50 fr. Total 150 fr. pour 1 hectare, et 15 hectares 70 ares produiront 1,781 fr., ci	1,781 »	1,551 52	Un hectare emblavé en mouture coûte 115 fr. 25 c.; 15 hectares 70 ares coûteront donc 1,551 fr. 52 c.
4	56	»	Avoine d'hiver.	Si un hectare produit 11 hectolitres de grain, à 7 fr. l'un, il rapportera 77 fr. On a 110 kilogrammes de paille par chaque hectolitre d'avoine; les 11 hectolitres font donc présumer 1,210 kilogrammes de paille, à 12 fr. 50 c. les 500 kilogrammes, font 50 fr. 25 c. Total, 107 fr. 25 c. pour 1 hectare, et pour 4 hectares 56 ares, 489 fr. 06 c., ci	489 06	316 42	Un hectare coûte, à cultiver, 115 fr. 25 c.; 4 hectares 56 ares coûteront donc 516 fr. 42 c.
7	»	»	Avoine d'été ou orge d'été avec trèfle.	Idem.	730 75	792 75	Idem.
7	59	»	Trèfle pour faucher et nourrir le gros bétail.	612 kilogrammes 500 grammes, à 80 c. le kilogramme, font	490 »	50 »	Frais de battage.
4	»	»	Pommes de terre.	200 hectolitres, à 2 fr. l'un, donnent . .	400 »	292 »	
»	16	»	Betteraves. .		98 56	41 76	
9	»	»	Jachères.		» »	» »	Les dépenses qui consistent en labours sont comptées à l'article froment.
TOTAL 56	11	»		TOTAL général des recettes	7,755 57	10,120 68	TOTAL général des dépenses.

En faisant la balance, c'est-à-dire en retranchant les Recettes des Dépenses, il reste de Déficit 2,587 fr. 54 c.

Il faut donc conclure que cet assolement est très-mauvais, quoiqu'il soit généralement suivi. La fin de ce tableau nous rappelle ces paroles de Walter Scott : « Les domestiques produisent tout et consomment tout. » Il explique aussi pourquoi, jusqu'à ce jour, tant de personnes se sont ruinées en faisant valoir leurs terres.

cisément sur celui-ci que vous basez toutes vos spé-
culations.

En revenant d'une foire, lorsque vous rapportez
chez vous le prix de quatre bœufs, vous avez, il est
vrai, une pleine bourse d'argent ; mais, quelques
jours plus tard, quand il faut sortir de cette bourse
la somme nécessaire pour remplacer ces quatre
bêtes, le bénéfice qui reste au fond de la toile ne la
gonfle plus guère.

Au contraire, si vous vendez des moutons et surtout des cochons, vous n'avez pas besoin de débourser pour remplacer les animaux vendus : les mères
sont là, qui vous fournissent des petits autant que
vous pouvez en nourrir.

Néanmoins, pour vous calmer, nous allons compter à ce sujet plus de profits que vous n'en faites en
général sur une exploitation de 56 hectares. Au fond
du cœur, vous en conviendrez.

Nous consentons donc à ajouter, au bas du tableau
qui précède, un gain,

Sur les moutons, de. . . . .   200 fr.
Sur les cochons, de.   200
Et sur le gros bétail, de.   600

TOTAL. . . . . . .   1,000 fr.

Qui, retranchés de votre déficit qui est de 2,109 fr.
61 c., vous laissera encore à découvert de 1,109 fr.
61 c.

Il n'est donc pas étonnant que la plupart des bourgeois, qui font valoir eux-mêmes leurs propriétés en suivant les méthodes généralement en usage, soient criblés de dettes; que tant de gens se ruinent à cultiver la terre, et que la population rurale, au désespoir, se réfugie en masse dans les grandes villes et surtout dans la capitale.

Mais, dira-t-on, indiquez-nous, si vous le pouvez, un assolement qui soit préférable à celui dont vous venez de signaler les mauvais résultats?

Nous allons vous le donner, en vous prévenant que nous ne conseillons à personne de changer brusquement d'assolement; on pourrait en éprouver du préjudice. Qu'on introduise les pièces de terre dans notre assolement à mesure qu'elles se trouveront dans des conditions qui permettront de les y placer; par exemple, lorsqu'elles tomberont en jachère.

En procédant avec prudence et discernement, on arrivera à avoir les 56 hectares ensemencés de la manière suivante, que nous appellerons *premier assolement d'or* :

Hectares.		Numéros.
10	Froment et carottes ou trèfle incarnat dedans.	1
10	Trèfle incarnat ou carottes, fourrages hâtifs et rutabagas.	2
10	Rutabagas, orge d'été ou avoine d'été et trèfle dedans.	3

À reporter. 30 hectares.

Hectares.   Numéros.

Report... 50 hectares.

     10 Trèfle.   4

     10 Défrichements d'hiver de trèfle et

            fourrages hâtifs.

      1 Pommes de terre.

      1 Betteraves.   5

      1 Choux.

      5 Ray-grass.

TOTAL. 56 hectares.

Ainsi, le domaine se trouvera divisé en cinq soles de 10 à 11 hectares environ chacune, et dans ces soles, nous ferons rentrer à propos les terres ensemencées en plantes sarclées et en ray-grass. Nous pourrons laisser subsister ce dernier deux à trois ans, s'il donne convenablement.

Nous avons numéroté ces soles pour donner un exemple de rotation. Ainsi, la seconde année, 10 hectares pris sur les pièces désignées par le n° 5 seront en froment; celles comprises sous le n° 1 seront en trèfle incarnat ou en carottes, puis en rutabagas; celles indiquées par le n° 2 seront en rutabagas et en orge d'été; le n° 3 en trèfle, et le n° 4 en défrichement de trèfle et en fourrages hâtifs, et ainsi de suite. En méditant cet assolement, on voit que les terres produisent souvent deux récoltes dans la même année.

Maintenant, nous allons présenter aux regards de nos lecteurs un nouveau tableau, sur lequel on pourra

saisir d'un seul coup-d'œil les recettes et les dépenses de l'exploitation dirigée dans le but d'entretenir un troupeau de moutons considérable, tout en
récoltant autant de froment que par le passé.

(Voir le Tableau ci-contre portant le n° 2.)

La plupart de nos lecteurs, après avoir examiné le
tableau qui précède, se récrieront en voyant le bénéfice considérable que laissent les dépenses sous-
traites des recettes, et ils accuseront notre livre
d'être l'œuvre du charlatanisme.

Sans nous troubler, nous répondrons aux incrédules : Si un industriel, en 1796, s'était présenté devant votre aïeul et lui eût tenu ce langage : « Je ne
» sais ni le dessin, ni la peinture ; je n'ai ni cou-
» leurs, ni pinceaux ; cependant, si vous voulez, je
» vais en six secondes faire votre portrait parfaite-
» ment ressemblant ! »

Et s'il eût ajouté : « Je sais aussi le moyen de faire
» circuler d'un bout de l'Europe à l'autre, sans che-
» vaux, un convoi de trente à quarante voitures, mar-
» chant avec une vitesse de douze lieues à l'heure !...»
votre aïeul se serait dit : Voilà un insensé !

..... Cependant les grands prodiges dont nous venons de parler s'accomplissent de nos jours, au
moyen du daguerréotype et de la vapeur.

N'était-il pas juste qu'en même temps que la population s'accroît si rapidement, et que les besoins

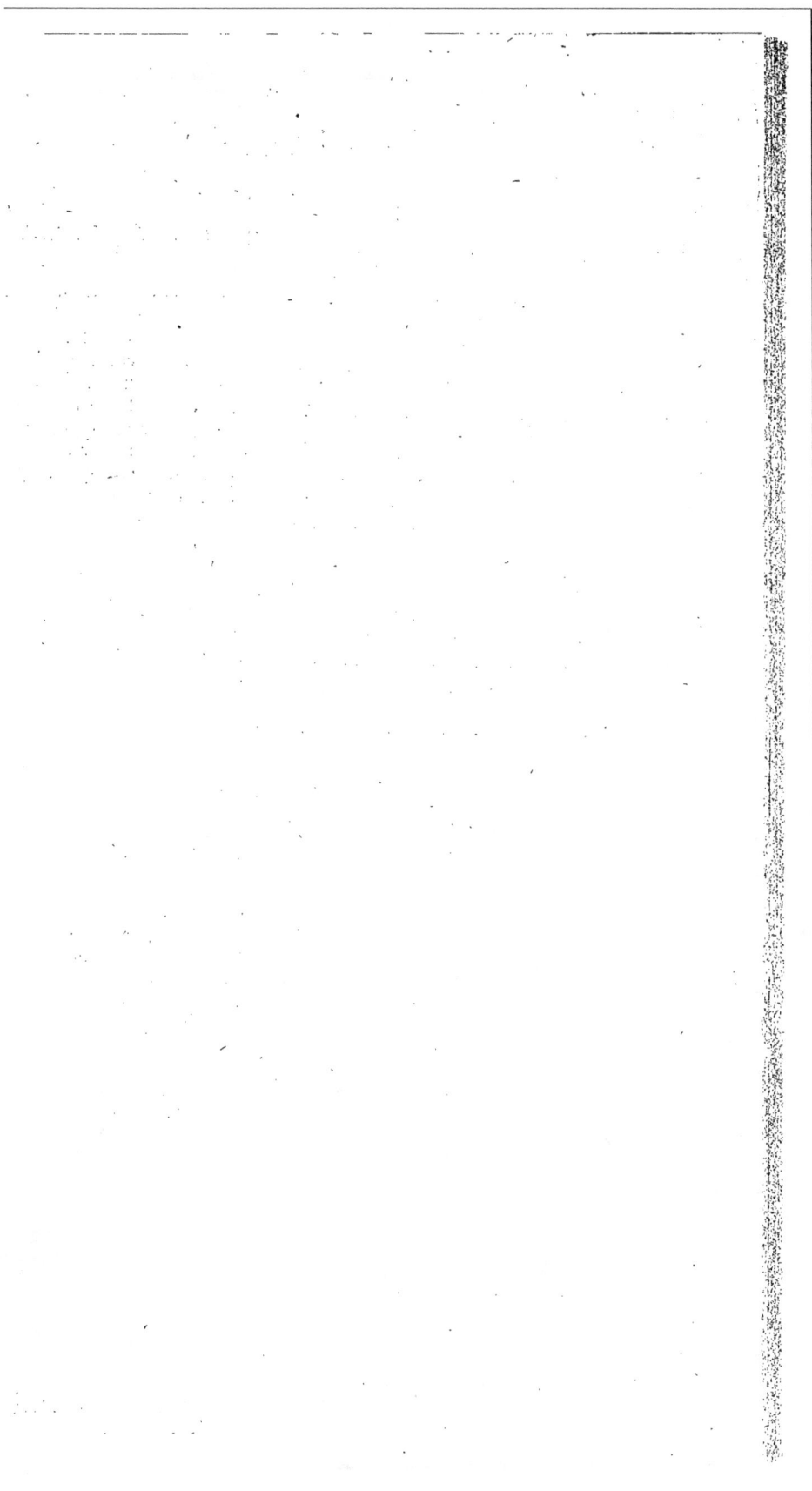

Ou Assolement pour engraisser ou élever un grand nombre de Moutons, tout en récoltant autant de froment que par le passé.

HECTARES.	NOMS DES PLANTES qui occupent le terrain.	MÉMOIRE pour aider à calculer les Recettes.	VALEURS créées ou Recettes.	DÉPENSES.	MÉMOIRE pour aider à calculer les Dépenses.	OBSERVATIONS.
10	Froment.	Un hectare donne 49 hectolitres, à 16 fr. l'un, fait 504 fr. On a 160 kilogrammes de paille par chaque hectolitre de froment ; les 49 hectolitres de grain font donc présumer 5,040 kilogrammes de paille, à 12 fr. 50 c. les 500 kilogrammes, font 76 fr. Total, 580 fr. pour 1 hectare, et pour 10 hectares,.....	5,800ᶠ ″	5,170ᶠ ″	Un hectare coûte à emblaver, pour fumier, labours, etc., etc., 517 fr. (voir à la page 161), dix hectares coûteront 5,170 fr.	Le rendement du froment dans ce second tableau se trouve plus considérable que dans le premier, parce que l'assolement que représente ce dernier nous donne les moyens de fumer beaucoup plus nos terres que le précédent.
10	Rutabagas.	Avec un hectare de rutabagas, on peut nourrir 76 moutons pendant quatre mois, et, au bout de ce temps, ils seront gras ; avec 10 hectares, on en engraissera donc 760. Mais on en n'aura que 580 à la fois ; à 6 fr. de bénéfice par tête, cela fait.... pour les deux lots.... 4,560ᶠ Plus 1 fr. de fumier par tête . 760 Plus 2,280 fr. de laine (voir la page 85) 2,280	7,600 ″	5,517 ″	Achat de graines, labours, binage, main-d'œuvre pour éclaircir, pour récolter, loyer d'un hectare pendant une demi-année, impôts d'une demi-année, la fumure qui est de 232 fr. ; enfin, le total, pour un hectare, s'élève à 558 fr. (voir à la page 88.) Et pour dix hectares, la dépense sera de.................. 5,580 Plus pour graines et façons de fourrages hâtifs précédant les ruta-bagas.................... 420 Plus les intérêts de 5,700 fr. à 8 p. %, pendant quatre mois, pour achat de 580 moutons, à 45 fr. l'un. 152 Plus 25 fr. de sel.......... 25 En donnant 250 grammes de foin par jour à chaque mouton, les 760 en consommeront 22,800 kilog., à 25 fr. les 500 kilogrammes, fait. 1,140	Pour obtenir une bonne récolte d'orge d'été avec trèfle, on fume et on sème l'orge dans la saison qui convient, c'est-à-dire en mars ; puis on mal, on sème le trèfle dans cette orge, en ayant soin de passer la herse avant de répandre la graine et après avoir fait cette opération.
10	Orge d'été et trèfle dedans.	Un hectare produit 40 hectolitres ; à 10 fr. l'un, font 408 fr. On a 408 kilogrammes 500 grammes de paille par chaque hectolitre ; les 49 hectolitres de grain font donc présumer 2,061 kilogrammes 500 grammes de paille, à 12 fr. 50 c. les 500 kilogrammes, font 51 fr. 54 c. Total, 244 fr. 54 c. pour 1 hectare, et pour 10 hectares.	2,445 40	2,700 ″	Loyer d'un hectare.... 48ᶠ Deux labours......... 26 Pour moisson......... 10 Pour battre et engranger. 26 Pour impôts.......... 4 Semence............. 48 Demi-fumure......... 126 Total pour un hectare. 258ᶠ Et pour dix hectares.. 2,580ᶠ Graine de trèfle, 15 kilog. pour 1 hectare, et pour 40, il en faut 450 kilogrammes, à 40c. le demi-kilogramme, fait................ 120 } 2,700ᶠ	
10	Trèfle.	Ces 10 hectares de trèfle servent à nourrir les bêtes d'ouvrage et quelques élèves et bêtes de rente, dont nous évaluerons le produit brut à.................. 800ᶠ En outre, ce trèfle peut produire 875 kilog. de graine, à 80 c. l'un, font.................... 700	1,500 ″	1,390 ″	Moitié fumure pour un hectare, 426 fr. Et pour dix hectares........ 1,260ᶠ Pour faucher, faner et rentrer les deux coupes, 28 fr. par hectare. Pour dix hectares......... 280ᶠ Pour battre et nettoyer la graine........... 50 } 550 ″	
10	Jachères ensemencées en trèfle incarnat et en fourrages hâtifs.	Quoique les fourrages hâtifs donnent un produit aussi considérable que celui de la luzerne (c'est-à-dire équivalent à 7,000 kilogrammes d'herbe sèche), afin de ne pouvoir être accusé de tomber dans l'exagération, nous ne baserons nos calculs que sur un rendement de 5,000 kilogr. d'herbe sèche par hectare, lesquels, verts, pèsent quatre fois plus, c'est-à-dire 20,000 kilogrammes. En donnant 4 kilogrammes par jour d'herbe verte à chaque mouton, 20,000 kilogrammes de fourrages verts, produits par 1 hectare dans une seule récolte, nourriront 27 moutons pendant six mois (voir à p. 65), et 10 hectares, ensemencés une fois en trèfle incarnat et trois fois en fourrages hâtifs, pourront nourrir 4,410 moutons pendant six mois. Ceux-ci rapporteront par tête un kilogramme de laine, à 4 fr. le ki-logramme, cela fait......... 4,440ᶠ Plus 1 fr. de gain par tête. 4,410 Plus 50 c. de fumier par tête chaque mois, cela fait....... 5,550	8,880 ″	2,660 ″	Frais du berger pour six mois. 240ᶠ Frais d'un jeune homme pour l'aider.................. 150 Un labour de plus qu'à l'ordi-naire, pour un hectare 15 fr. et pour dix hectares........ 150 Ensemencements de fourrages hâtifs pour dix hectares ensemencés trois fois..................... 1,260 590 kilogrammes de trèfle incar-nat mondé, à 36 fr. les 50 kilog. 254 Intérêt à 8 p. %, de 16,650 fr. nécessaires pour l'acquisition de 4,410 moutons, à 45 fr. l'un, somme gardée pendant six mois, font.................... 666	
4	Pommes de terre.	200 hectolitres, à 2 fr. l'un, font.....	400 ″	292 ″		
4	Betteraves.	Un hectare nourrit, pendant toute l'année, 28 moutons, à 10 fr. de bénéfice par tête........... 280ᶠ A 6 fr. de fumier par tête (laine et croît)............... 168	448 ″	264 ″	(Voir la page 102).	
1	Choux.	Nourrit, pendant toute l'année, 46 moutons, à 10 fr. de bénéfice. 460ᶠ Fumier de ces moutons....... 276 Fèves................ 60 Racines pour le feu........ 5	801 ″	456 ″	(Voir la page 99.)	Nota. Tous les auteurs évaluent comme argent comptant ou recette le fumier qui se fabrique dans l'exploitation, et ils ont raison ; car nous faisons figurer nous-même, dans l'état de nos faits, l'engrais pour une somme très-élevée. Et puisque nous portons en dépense le fumier que nous employons, nous devons porter également en recette celui que nous faisons. Ou vous êtes propriétaire du sol que vous cultivez, ou vous en êtes le fermier : Si vous en êtes proprié-taire, votre domaine aug-mente nécessairement de valeur, en augmentant la fertilité par suite de tous les engrais qu'une bergerie con-sidérable procure à vos terres. Si vous en êtes le fermier, et que vous craigniez d'être renvoyé avant d'avoir eu le temps de retirer du prix de vos récoltes le prix de vos engrais, vendez-en une portion ; c'est une marchandise très-facile à débiter ; et, conséquem-ment, trop importante pour être oubliée dans les re-cettes.
5	Ray-Grass.	En se reportant à l'article Ray-Grass (page 95), on voit qu'on peut, en employant cette graminée à nourrir des moutons, retirer en moyenne, déduction faite de tous frais, 319 fr. 50 c. de chaque hectare ; 5 hectares donneront donc un revenu net de........ (Un hectare nourrit 52 moutons pendant neuf mois). Dans les recettes de l'article Ray-Grass, le fumier entre pour une somme de 452 fr.	938 50			
10	Carottes semées dans les 10 hectares de froment.	On peut nourrir 26 moutons, pendant quatre mois, avec le pro-duit d'un hectare de carottes. Ainsi, dix hectares en nourriront 260 pendant quatre mois ou 400 pen-dant deux mois, à 6 fr. de bénéfice par tête, cela fait........... 2,400ᶠ Plus chaque bête à laine crée pour 50 c. de fumier pendant un mois ; durant deux mois, les 400 moutons en produiront pour.... 400 Plus, 1,200 fr. de laine (voir la page 75), ci.............. 1,200	4,000 ″	4,940 ″	Un hectare coûte pour semailles et frais de se-mence................. 50ᶠ Trois hersages......... 55 Un binage............. 50 Récolte à bras.......... 60 Total des frais pour un hectare............. 155ᶠ Et pour dix hectares.. 4,550ᶠ Intérêts de 5,000 fr. à 8 p. %, pendant quatre mois, somme nécessaire pour acheter 200 moutons, à 45 fr. pièce........... 80 En donnant 250 gram. de foin par jour à chaque mouton, les 400 en con-sommeront 6,000 kilog., à raison de 25 fr. les 500 kilogrammes, cela fait... 500 } 4,940ᶠ	
TOTAL 56		TOTAUX des Recettes et des Dépenses.	50,802ᶠ 90ᶜ	20,556ᶠ ″		

Recettes, quittes de tous frais................. 40,446 fr. 90 c.

de toute sorte augmentent sans cesse, Dieu permît
que l'agriculture, qui vêtit et nourrit le genre humain, fasse aussi un pas pour se mettre au niveau
de ses sœurs, la peinture et l'industrie, qui la laissaient si loin en arrière?

Nous persistons donc à affirmer que nous n'avons
aucunement exagéré les recettes dans ce tableau. En
effet, les agriculteurs éclairés qui ont coutume de
s'occuper de la race ovine savent très-bien qu'un
nourrisseur de bêtes à laine gagne ordinairement,
surtout pendant l'hiver, beaucoup plus de 10 fr. par
tête, en y comprenant le bénéfice du fumier et de
la laine; or, notre second tableau représente un assolement qui permet d'engraisser dans la même année 2,240 moutons. Ce chiffre suffit pour montrer
le gain énorme que cette spéculation peut produire,
en admettant un bénéfice de 10 fr. par chaque bête;
c'est donc par modération que nous ne faisons état,
dans notre compte, que d'un gain de 2 fr. 50 c. par
tête.

D'ailleurs, nous raisonnons avec des chiffres; et
pour détruire des syllogismes de cette nature, il faut
que l'on fasse d'autres calculs qui montrent nos er-
reurs; jusque là, nous aurons le droit de considérer
nos détracteurs comme étant du nombre des gens
qui trouvent tout mal, sans être eux-mêmes capables
de rien faire de bien : « La critique est aisée; mais
l'art est difficile, » a écrit un poète. En effet, l'homme

le plus borné peut facilement dire du meilleur ouvrage : Cela n'a pas le sens commun ; mais relever
une à une, par des chiffres, les fautes dans lesquelles
un auteur est tombé, est chose plus difficile ; c'est
là l'œuvre d'un censeur habile, et nous sommes très-
disposé à écouter avec reconnaissance ceux qui pourront remplir ce rôle, de même que nous dédaigne-
rons les calomnies.

Il est temps que l'agriculture marche du même
pas que les autres arts. Les gens qui la retiennent
en arrière sont ceux qui se bornent à ne vouloir tirer de la terre que du blé, tandis qu'ils doivent tendre
à lui faire rapporter à la fois beaucoup de céréales
et beaucoup de viande, parce que c'est cette dernière qui contribue le plus à enrichir.

Si vous voulez avoir une nouvelle preuve du désavantage que vous avez à consacrer vos soins exclusivement à la production des céréales, jetez un coup-
d'œil sur le premier article de notre dernier tableau ;
vous verrez que 10 hectares de froment ont donné
3,800 fr. de recettes et 5,170 fr. de dépenses, quoique
nous ayons élevé le rendement du blé à 19 hectolitres par hectare, en raison des masses de fumier de
mouton que recevront les champs de ceux qui suivront notre système, d'après lequel la production du
blé, combinée avec celle de la viande, finit au contraire par procurer un bénéfice net de 10,446 fr. Le
célèbre Jacques Bujault, laboureur à Chaloue, était

de notre avis, puisqu'il disait : *Si tu veux du blé, fais des prés.* Nous disons, nous : *Si tu veux de l'argent, fais des prés, des herbages et surtout des fourrages-racines.*

Ce qui doit aussi engager les cultivateurs à se livrer à l'élève des moutons, c'est que la France achète chaque année à l'étranger pour une somme considérable de bêtes ovines, de laine et de tissus de laine. Cette somme s'est élevée, dans une année, balance faite de l'importation et de l'exportation, à 12 millions 370,750 fr.

Dans le dernier tableau, l'article des rutabagas vient après celui du froment; ces légumes donnent un excédant considérable de recette sur les dépenses.

Le rutabaga est une plante qui réussit dans les terres de médiocre qualité; qu'on le soigne comme nous l'avons enseigné, et l'on en obtiendra toujours de bonnes récoltes partout où il vient de beaux choux de village. On deviendra d'autant plus riche qu'on cultivera le rutabaga sur une plus grande échelle.

Nous connaissons un fermier qui a nourri avec cette racine crue, pendant tout un hiver, 1,400 moutons, 500 cochons et 8 vaches laitières.

Un mouton et un cochon gras se vendent en tout temps aussi bien qu'un sac de blé.

Le troisième article du tableau concerne des céréales; aussi, en faisant la balance relativement aux recettes et aux frais de cet article, nous voyons que ceux-ci dépassent encore les recettes.

Nous nous attendons bien que, dans notre dernier tableau, un article qui prêtera beaucoup à la critique sera celui de la carotte.

Nous convenons que de toutes les récoltes que nous indiquons, celle-ci est la plus précaire; cependant avec des soins on réussit.

Dans le cas où le procédé que nous avons enseigné ne vous conviendrait pas, comme la carotte est une plante extrêmement nourrissante, nous allons indiquer une autre manière peu coûteuse d'en faire d'abondantes récoltes.

Autre manière de cultiver la Carotte.

En septembre, vous donnerez à la terre dans laquelle vous voudrez semer vos carottes un labour profond; vous mettrez cette terre en sillons. En décembre, par un beau temps, vous donnerez à ce champ un nouveau labour; puis, en février, vous amènerez du fumier que vous aurez, dès l'été, mêlé avec de la terre; de sorte que ce fumier, que vous aurez eu soin de faire piocher plusieurs fois, ne sera plus alors qu'un riche terreau. Vous répandrez cet engrais dans les raies; puis vous ouvrirez vos sillons, et, avec le buttoir ou charrue à deux versoirs, vous les reformerez.

Cette opération étant faite, un ouvrier passera une

houe sur le sommet des sillons, afin d'achever de les fermer et de briser les mottes; puis vous mettrez de la graine de carotte dans une bouteille, après avoir pris soin de rompre les barbes de cette graine, ainsi que nous l'avons indiqué à l'article des carottes. Vous percerez le bouchon de cette bouteille et vous introduirez dans le trou que vous viendrez de pratiquer un tuyau de plume d'oie, puis un manœuvre intelligent, tenant la bouteille par le fond, répandra la graine sur le sommet du sillon seulement.

Un autre manœuvre, ayant une pelle de fer, suivra le semeur et frappera le sommet du sillon avec le plat de sa pelle, de manière à coller la graine à la terre.

Vos carottes étant ainsi semées seront faciles à sarcler et à biner avec la houe à cheval, ou même simplement avec le versoir. La racine de la carotte, en plongeant dans la terre, trouvera, au fond de l'ancienne raie, le terreau qui la tiendra fraîche pendant les grandes chaleurs, et y communiquera une végétation luxuriante.

Relativement à notre dernier tableau, on ne manquera pas de nous objecter que, pour gagner la somme très-satisfaisante qui forme le bénéfice net, il faut être actif, avoir une connaissance assez approfondie de la race ovine et de son commerce, et qu'enfin il faut avoir à sa disposition une somme considérable pour faire l'acquisition, pendant l'année, d'un si grand nombre de moutons, en supposant que chaque animal coûtât 15 francs.

Nous convenons qu'il semble au premier coup-d'œil que beaucoup de fermiers et même de propriétaires ne pourraient pas trouver à emprunter la somme nécessaire pour se livrer à la spéculation dont nous parlons. Cependant, en y réfléchissant, l'engraisseur, dans cette circonstance, ne gardera pas les fonds qu'il empruntera plus long-temps que tout autre commerçant; car, lorsqu'il fera consommer des topinambours, des rutabagas ou des carottes, ses moutons seront gras au bout de 60 jours, et, s'il a consenti un billet payable à trois mois, comme c'est l'usage dans le commerce, il aura donc le temps de réaliser le bénéfice provenant de l'engraissement de ses bêtes à laine, et il sera prêt à retirer son effet à l'échéance. En empruntant chez le banquier, il gagnera moins, mais enfin il fera encore un assez joli bénéfice. Un propriétaire possédant 56 hectares doit offrir autant de garantie qu'une infinité de commerçants qui ont dans les maisons de banque un crédit ouvert de plus de 25,000 fr., sans posséder un are de terrain.

Les banquiers n'aiment pas à prêter aux cultivateurs, parce que ces derniers demandent de longs termes, et que, malgré cela, ils ne sont jamais prêts à payer aux échéances. Ces deux difficultés n'existant pas pour ceux qui adopteront notre système, il reste démontré qu'un propriétaire et même un fermier, qui passera pour prudent et habile, trouvera les fonds qui lui seront nécessaires pour se livrer à l'engraissement des moutons, ainsi que nous venons de l'expliquer plus haut. D'ailleurs, si les banques continuaient de rester fermées pour eux, ils trouveraient des marchands qui leur confieraient une certaine quantité de bêtes à laine, moyennant une part dans le bénéfice, lorsqu'on les livrerait à la boucherie. Combien y a-t-il de personnes qui donnent du bétail à cheptel à d'autres particuliers qu'à leurs propres fermiers, sans avoir la perspective d'un gain aussi considérable que celui qu'on pourrait faire dans cette circonstance?

Du Topinambour et du bénéfice que l'on peut retirer en employant cette plante à engraisser des Moutons.

Le topinambour (*helianthus tuberosus*) appartient au genre soleil (de la grande famille des radiées).

Il est originaire du Chili ou du Brésil. Ses fleurs, très-petites en comparaison de plusieurs autres espèces de soleils, ne donnent point de graines fertiles dans le nord et dans le centre de la France. On le reproduit comme la pomme de terre, en semant ses tubercules. Coupés, ils réussissent assez bien; mais nous avons observé qu'il était plus avantageux de les semer entiers. Ses tiges s'élèvent ordinairement de 2 à 3 mètres.

Le topinambour est peu incommodé par la sécheresse, et il résiste au froid le plus intense, sans être désorganisé par les gelées. Son produit consiste dans ses abondants tubercules et même dans son feuillage qui est un fourrage très-recherché par tous les bestiaux, lorsqu'il est vert. Certains auteurs le recommandent aussi comme fourrage sec. M. de Tracy prétend qu'au mois d'août, on peut faucher les tiges de cette plante, pour les faire consommer à l'étable, sans nuire au rendement des tubercules. Nous avons donné des tiges hachées de topinambours à des vaches qui se sont empressées de les manger; mais nous ne pouvons pas affirmer que cette soustraction n'ait pas nui au développement des tubercules.

Le topinambour, prodigieusement fécond dans une terre riche et bien cultivée, rapporte encore passablement dans un sol calcaire, brûlant et presque stérile. Royer prétend qu'on l'a vu produire, pendant trente-deux ans, des récoltes sur un même sol, sans culture ni fumure.

Quant à sa valeur nutritive, les Alsaciens, qui le cultivent le plus en France, le placent au premier rang des racines pour les chevaux et pour les vaches laitières, à la condition de le faire consommer aussitôt qu'il est arraché. Schwertz l'estime autant que la pomme de terre, et Pétri beaucoup plus.

On a vu le topinambour réussir assez mal dans un sol sablonneux et maigre, ainsi que dans des terres froides et siliceuses, tandis que, dans un sol également maigre, mais très-calcaire, sans aucune fumure et avec un très-mauvais labour, on a obtenu de 100 à 150 hectolitres par hectare, d'où il faut conclure que les terres calcaires conviennent mieux au topinambour que les terres siliceuses.

Un avantage très-grand qu'offre cette plante sur les autres racines, et qui doit beaucoup engager à la cultiver, c'est qu'on peut en obtenir plusieurs excellentes récoltes consécutives sans la fumer, tandis qu'il n'en est pas de même des carottes, des betteraves, des rutabagas et des navets blancs, qui exigent de l'engrais au moment où on les sème, ou qui veulent, du moins, que le terrain où on lés met ait été richement fumé pour la récolte précédente. Le fumier est un objet si cher, qu'il contribue considérablement à absorber tous les bénéfices du cultivateur, soit qu'il le produise, soit qu'il l'achète. Il est donc inexplicable qu'on néglige une plante extrêmement nourrissante, qui donne quelquefois pendant dix ans d'abondants produits sans avoir besoin d'engrais.

On ne peut semer le topinambour de trop bonne heure; il faut le confier à la terre sitôt que le sol est ressuyé et qu'il est possible de faire un bon labour. Il est vrai que nous avons eu connaissance qu'on l'a semé jusqu'en mai, mais nous savons aussi qu'on a

manqué plusieurs fois la récolte pour l'avoir semé à
cette époque-là.

On donne au topinambour les mêmes façons qu'à
la pomme de terre ; il paie fort bien celui qui prend
la peine de bien ameublir le sol où il le place.
Lorsque les topinambours sont nés, si les champs
sont cultivés à sillons, quelques-uns se bornent à
ouvrir ces derniers, puis à passer le buttoir ou la
charrue à deux versoirs dans l'emplacement où était
la raie avant d'avoir fendu la terre ; cette manière de
biner la plante est peu coûteuse.

Le topinambour aime les terrains qui ont été
chaulés ou marnés ; nous l'avons vu dans de semblables sols pousser des tiges de 5 mètres de haut ;
les tubercules de deux plants remplissaient un
double-décalitre. Dans les défrichements de luzerne,
nous avons souvent compté de soixante-dix à quatre-
vingts tubercules, gros comme des œufs d'oie, attachés à la même tige. Le topinambour se gâte dans
l'eau ; c'est pourquoi il faut éviter de le mettre dans
des terres imperméables, qui sont submergées pendant l'hiver. Cette plante, bien soignée, donne plus
la seconde année qu'on la cultive dans le même
champ, que la première. Voici comment il faut procéder, lorsqu'on veut faire consécutivement une seconde récolte ou plusieurs autres sur un même
champ : dans les premiers jours de mars, vous achevez
d'arracher les tubercules, puis vous donnez un

labour profond et vous laissez votre guéret à plat; vers la fin d'avril, il naît çà et là une grande quantité de topinambours, quoique vous ayez enlevé avec soin tous les tubercules que vous avez pu découvrir.

Dans les derniers jours de mai ou au commencement de juin, par un beau jour succédant à une pluie qui aura bien abreuvé la terre, vous conduisez la charrue dans vos topinambours, et vous tracez des sillons avec le buttoir ou avec la charrue à deux versoirs; un ouvrier, avec une houe, suit la charrue, casse les mottes, achève de fermer les sillons; il relève les tiges qui sont abattues et il agglomère autour un peu de terre menue.

Un grand nombre de plants sont détruits par cette opération, d'autres se trouvent recouverts par la terre que les oreilles de la charrue ont jetée sur eux. Ces derniers, loin d'être incommodés de cet événement, percent la couche qui les abrite et ils n'en poussent que plus vigoureusement.

Votre champ de topinambours, s'il est en bon fonds, soigné de cette manière, vous donnera, sans fumure, de bonnes récoltes pendant plusieurs années. Lorsque nous avons commencé à cultiver cette plante, nous l'avons mise, sans engrais, dans nos plus mauvaises terres, et alors nous en avons été peu satisfait; mais nous nous sommes peu à peu aperçu que nous avions plus d'intérêt à la placer dans nos meilleures pièces. Nous avons donc continué de la mettre en bon fonds, et nous conseillons à ceux qui voudront la cultiver d'en faire autant; car c'est là qu'elle récompense le mieux le cultivateur de ses peines.

On prétend, à tort, qu'il est très-difficile d'empêcher le topinambour de se reproduire dans une terre qu'il a occupée, car toutes les fois que nous avons voulu le faire disparaître d'un champ, nous y sommes parvenu sans peine. Nous avons remarqué que les tiges de topinambour ne viennent pas longues au milieu d'un froment bien fumé; celui-ci les étouffe. Si vous doutez de cette assertion, après des topinambours, semez une orge d'été fumée, avec du sainfoin, du trèfle ou de la luzerne, la faulx détruira les topinambours; ou bien encore labourez par un temps sec, en juin ou juillet, le sol que vous voulez débarrasser de cette plante, et il n'en survivra pas une tige. Enfin, à la Saint-Jean-Baptiste, après un temps de pluie, promenez-vous dans votre champ avec quelques enfants, faites arracher à la main toutes les tiges de topinambours que vous apercevrez, et il n'en reparaîtra plus.

Nous allons donner ici des extraits de ce qui a été dit sur la plante dont nous nous occupons en ce moment, aux Sociétés d'agriculture de Roanne (Loire) et de la Gironde.

La Société d'agriculture et de statistique de

Roanne (Loire) recommande particulièrement aux cultivateurs, pour leurs plantations de mars, le topinambour (helianthus tuberosus), dont la culture est encore très-restreinte, bien qu'elle ait été préconisée par les agronomes les plus éminents de la France, de l'Angleterre et de l'Allemagne.

Voici le résumé des considérations que M. Belle, secrétaire général de la Société, a présentées à ses collègues en faveur de cette culture :

Le topinambour est incontestablement une des plantes alimentaires le moins exigeantes au point de vue du climat et du sol; elle est éminemment rustique; ses tubercules résistent en terre à un degré de froid que ne peuvent supporter les autres fourrages racines, et les sécheresses intenses n'y causent aucun tort.

Toutefois, l'excès d'humidité fait périr la plante; mais à l'exception des marais, des terres qui renferment intérieurement des eaux stagnantes, toutes les terres lui sont bonnes, depuis les meilleures terres à froment jusqu'au sable graveleux le plus aride, le sol calcaire le plus stérile.

Le topinambour s'accommode de tous les engrais; il jouit de l'avantage de retirer la plus grande partie de son azote de l'air; c'est un des végétaux qui produisent le plus en dépensant le moins en engrais et en culture. Kade, agriculteur alsacien, a vu produire pendant trente ans une récolte passable de tiges et de tubercules sur le même terrain, bien que celui-ci n'eût reçu ni soins ni engrais.

Cependant, l'opinion de M. Belle est que si l'on veut obtenir de bons produits tant en tiges qu'en tubercules, il est nécessaire de fumer et de replanter les topinambours au moins tous les deux ans, ainsi que cela se pratique à Bechelbroun, chez M. Boussingault : avec 50 kilogrammes de fumier d'étable, on peut obtenir 100 kilogrammes de tubercules.

Les tiges, quand elles sont destinées à servir de fourrage sec, ne doivent être coupées que dans la seconde quinzaine de septembre; avant cette époque, les feuilles seraient moins nourrissantes, et plus tard l'humidité ne leur permettrait pas de sécher convenablement.

On coupe les tiges à 30 centimètres du sol avec une faucille dont la lame est un peu plus forte que celle des faucilles ordinaires ; on les lie en bottes de 25 à 30 centimètres de diamètre, sans trop les serrer, et on les pose debout par faisceaux de sept bottes.

Huit jours après, environ, alors que les feuilles sont bien sèches à l'extérieur, on défait les faisceaux et on les réunit par trois, en tas de vingt-et-une bottes, dont quatorze sont disposées en faisceaux ; les sept autres, la base en haut et fortement liées comme s'il s'agissait d'une gerbe de blé destinée à couvrir une moyette, sont placées par dessus en forme de toit pointu. Ainsi disposées, les tiges atteignent le plus grand degré de siccité sans avoir à redouter le temps le plus défavorable.

La récolte des tubercules, qui s'arrachent de la même manière que ceux de la pomme de terre, peut être effectuée, sans inconvénient, de la fin d'octobre au milieu d'avril; loin d'éprouver aucun dommage, les tubercules restés dans le sol jusqu'à la fin de l'hiver continuent de s'accroître, et il y a avantage à les y laisser, si le sol n'est pas trop humide, car dans ce cas, ils pourraient se gâter.

En Alsace, les tubercules sont considérés comme une excellente nourriture pour les vaches laitières, auxquelles on les donne presque toujours associés aux betteraves, aux pommes de terre et aux fourrages secs. On en nourrit également les chevaux; leur ration journalière est de dix litres, joints à une certaine quantité de fourrages secs. On les administre aux moutons de la même manière, dans la proportion d'un hectolitre pour 120 bêtes, et tous ces animaux s'en trouvent fort bien.

Les porcs refusent d'abord ces tubercules; mais ils s'y habituent promptement si l'on a soin, en commençant, d'ajouter à la ration un peu de sel marin; ils en deviennent alors tellement friands qu'ils fouillent dans la terre pour en extraire ces tubercules.

La saveur du topinambour est analogue à celle de l'artichaud. Il se réduit beaucoup par la cuisson;

traité par la distillerie, 100 kilogrammes rendent, d'après Armand Bazin, 23 kilogrammes de pulpe et 4 litres 72 centilitres d'alcool absolu, soit 5 litres 20 centilitres de trois-six à 90 degrés. Or, en calculant d'après un rendement de 17,000 kilogrammes par hectare, si 100 kilogrammes de topinambours rendent 5 litres 20 centilitres de trois-six, 17,000 kilogrammes en rendront 884 litres ; à 140 fr. l'hectolitre, fait 1,237 fr. 60 c.

Les tiges du topinambour présentent une utilité presque aussi grande que les tubercules, et c'est là un avantage que n'ont pas les fanes de pommes de terre.

Vertes, elles conviennent d'une manière toute particulière pour la nourriture de l'espèce ovine, et, à l'état sec, elles fournissent encore un assez bon fourrage que tous les animaux mangent volontiers.

Elles ont, comme combustible, une assez grande valeur, car elles sont excellentes, notamment pour chauffer les fours.

On peut encore les utiliser pour ramer les pois.

On en retire de la potasse par incinération.

Enfin, on peut en faire des estompes pour le dessin.

La Société de Roanne, étant unanimement convaincue que la culture de cette plante présente tous les avantages qui lui ont été signalés par son secrétaire général, a regardé comme un devoir de porter ces faits à la connaissance des cultivateurs, afin qu'ils ne laissent pas, sans rapporter, des terres ingrates, il est vrai, mais dont ils pourraient cependant tirer un bon parti au moyen du topinambour.

SOCIÉTÉ D'AGRICULTURE DE LA GIRONDE.

Présidence de M. Ivoy fils.

Envisageant la situation faite au département de la Gironde par la maladie de la vigne, la Société a cru devoir chercher quelle serait la culture à recommander aux cultivateurs pour utiliser ceux de leurs terrains dont il faudrait peut-être arracher les vignes qui faisaient leur richesse.

Il nous faut des plantes connues par une longue expérience, et dont l'adoption ne puisse exposer les cultivateurs à aucun mécompte. Parmi celles-ci, le topinambour nous a paru devoir être signalé tout particulièrement à leur attention.

Il est peu épuisant, prend dans l'atmosphère une partie de son azote, s'accommode de tous les éléments, de tous les terrains (à l'exception de ceux qui sont trop mouillés). Il croît très-bien dans les lieux ombragés ; on l'a même cultivé avec succès dans les clairières de taillis. Il n'est attaqué par *aucun insecte*, n'est sujet à *aucune maladie*.

Ses propriétés nutritives pour l'alimentation du bétail sont à peu près les mêmes que celles de la pomme de terre. M. *Boussingault* estime que 280 kilogrammes de topinambours sont l'équivalent de 100 kilogrammes de foin.

Les bêtes à laine peuvent en manger impunément à discrétion; cet aliment leur convient parfaitement. M. *Boussingault* le considère comme très-convenable aussi pour le cheval qui le consomme avec avidité; la ration pour les chevaux de travail est : 14 kilogrammes de topinambours, 5 kilogrammes de foin, 2 kilogrammes 5 de paille, 3 kilogrammes 39 d'avoine; celle des vaches est établie dans la proportion de 19 kilogrammes de topinambours contre 7 kilogrammes 5 de foin.

Les tiges abandonnées à elles-mêmes se dessèchent sur place pendant l'hiver; leur poids est de 40 à 50 pour 100 de celui des tubercules. On peut les laisser sur terre et les briser en morceaux avec une bêche avant le labour, ou bien les utiliser pour la litière des porcs, ou s'en servir comme combustible, ce qui est le cas le plus ordinaire. 800 kilogrammes de tiges sont l'équivalent de 100 kilogrammes de foin.

M. de *Gourcy* affirme qu'en Angleterre on coupe les tiges à la fin de septembre, qu'on les dresse en moyettes pour les faire sécher, et qu'elles fournissent ainsi un excellent fourrage pour les moutons.

Enfin M. *Boussingault* a essayé de couper les tiges très-garnies de feuilles deux fois pendant la végétation, le 16 juillet et le 25 octobre. Tiges et feuilles ont été mangées avec avidité par le bétail. Leur faculté nutritive est estimée à 410 kilogrammes en vert pour 100 kilogrammes de foin sec. Cette expérience a été faite sur une surface d'un demi-are, qui a produit 78 kilogrammes de tiges pour la première coupe, 50 kilogrammes pour la deuxième, et 29 kilogrammes 7 de tubercules. Une surface égale et également garnie, dont les tiges ont séché sur pied, a rendu 120 kilogrammes 30 de tubercules, et 45 kilogrammes de tiges sèches.

Ces résultats, rapportés à l'hectare, forment un rendement de 25,600 kilogrammes de tiges vertes et 5,940 kilogrammes de tubercules, soit un équivalent de 8,320 kilogrammes de foin sec pour la culture qui a fourni le fourrage vert, et 24,060 kilogrammes de tubercules, plus 9,600 kilogrammes de tiges sèches pour l'autre, soit, en foin sec, 8,383 kilogrammes pour les tubercules seuls.

On voit que l'on pourrait utiliser les topinambours comme récolte verte, sans trop de désavantage, pour remplacer un fourrage vert manqué.

S. l'on employait les tiges sèches comme combustible, il faudrait donner au sol 80 kilogrammes de

fumier d'étable par 100 kilogrammes de tubercules,
au lieu de 50 kilogrammes, pour entretenir sa fertilité. Les tiges étant dans la proportion de 50 0/0 de
tubercules, elles reviendraient donc sur place à 3 fr.
les 400 kilogrammes, poids ordinaire d'un stère de
bois. Ces 400 kilogrammes donneront en outre près
de 10 kilogrammes de cendre très-riche en potasse.

Ce produit est assez important dans les localités
où le bois est cher, car une récolte de 300 hectolitres
donne près de 800 kilogrammes de tiges par hectare,
soit 20 stères de bois.

Dans son *Cours d'agriculture*, M. de Gasparin se
demande comment, avec de si grands avantages
bien reconnus, le topinambour n'est pas plus généralement cultivé.

La raison principale qui l'a fait négliger, est la
répugnance que nos cultivateurs ont long-temps mon-
trée à consacrer leur terrain à des plantes qui ne
servent qu'à la nourriture des animaux ; il leur semblait que tout espace qui ne produisait pas du blé ou
des végétaux de commerce, était perdu pour eux.
Les conseils de la science et de l'expérience diminuent
chaque jour l'influence de ces faux calculs : on commence à comprendre que c'est la proportion des fumiers et non l'étendue du sol cultivé qui assure les
belles récoltes ; que pour avoir beaucoup de fumier
et de bon fumier, il faut avoir beaucoup de bestiaux
et les bien nourrir. Le haut prix actuel du bétail

donne aussi une salutaire impulsion à la culture des plantes fourragères, et l'on voit le topinambour se répandre rapidement dans plusieurs contrées progressives.

La culture de la betterave est restée elle aussi bien long-temps restreinte, jusqu'à l'époque où l'industrie sucrière y appela l'attention.

Eh bien ! c'est une circonstance semblable qui doit, aujourd'hui, recommander le topinambour aux agriculteurs.

On sait qu'au lieu d'extraire le sucre de la betterave, il est devenu plus profitable de faire fermenter le jus et de le distiller pour le convertir en alcool. Il faut aussi que l'on sache que le topinambour renferme plus de matière sucrée que la betterave. Celle-ci en contient en moyenne 8 0/0 et n'en donne à l'extraction que 4,6. Le topinambour contient 14,70 0/0 de glucose ou sucre de raisin, tout aussi propre à être transformé en alcool. Il est donc beaucoup plus avantageux de cultiver le topinambour que la betterave lorsqu'on veut se livrer à la fabrication de l'alcool. Ce produit extrait du topinambour conservait un goût désagréable, mais on est parvenu à l'en débarrasser, et *M. Pédroni* fils a obtenu des alcools irréprochables.

La Gironde, en remplaçant par le topinambour une partie de ses vignes, pourra donc conserver chez elle la production de l'alcool en réalisant de riches

10

bénéfices, accroître le nombre de ses bestiaux, la fertilité de ses terres par la consommation des pulpes.

La pulpe du topinambour est plus nourrissante que le tubercule lui-même ; elle renferme une plus forte proportion d'azote ; la fabrication laisse en pulpe au-delà de 20 0/0 du poids des tubercules.

Nul doute qu'aussitôt que la culture du végétal dont nous nous occupons aura pris assez d'importance, il se créera des usines pour distiller les produits dans chaque centre de production, afin d'éviter les transports coûteux des tubercules et de mettre les pulpes à portée des éleveurs de bestiaux. Nous en avons pour gage les bénéfices considérables qu'offrent les prix actuels de l'alcool.

La production de l'alcool de bon goût, c'est-à-dire rectifié à 90 ou 94 degrés, exige de grandes usines. Mais pour obtenir de l'eau-de-vie à environ 50 degrés, une distillerie faisant 2 hectolitres par jour ne coûterait à établir, d'après M. Barral, qu'environ 5,000 fr. en profitant des bâtiments, cuves et vaisseaux dépendant d'un domaine vignoble. L'eau-de-vie serait vendue aux usines qui la rectifieraient.

Au sujet du rendement en alcool, nous croyons devoir citer un fait tendant à faire penser qu'il est bon de laisser sécher la tige sur pied pour que l'élaboration de la matière sucrée se complète dans le tubercule. Des topinambours venus en terrains de landes qui présentaient les mêmes apparences, arrachés le même jour, et provenant de mêmes semences, ont offert à l'analyse un tiers de différence de rendement en alcool. Ceux qui ont rendu le moins avaient eu leurs tiges coupées le 15 octobre, tandis que les tiges des autres avaient séché sur pied. Pour affirmer que la différence du rendement soit due à cette unique cause, il faudrait voir le fait confirmé par une expérience bien comparative. Toutefois, il nous a paru utile de le mentionner.

En faisant connaître les avantages qu'offre le topinambour pour la production de l'alcool dans notre département, nous ne chercherons pas à détourner les agriculteurs de la Gironde d'essayer dans ce but la culture de la betterave, qui donne de si beaux résultats aux départements du nord de la France. Le climat du midi ne nuit nullement à cette racine ; elle y peut devenir tout aussi sucrée que dans le nord, mais nous devons dire que sa culture n'est profitable que sur des terrains profonds, fertiles, très-bien fumés, à l'aide d'une main-d'œuvre exercée et intelligente, afin d'obtenir de bonnes récoltes d'au moins 20,000 kilogrammes à l'hectare; et nous ferons en outre observer que 100 kilogrammes de betteraves ne donnent en moyenne que 3 litres 80 centilitres de trois-six à 90 degrés, tandis qu'à poids égal le topinambour en rend 5 litres 20 centilitres, aussi à 90 degrés.

Nous adjurons les agriculteurs, nos confrères, de

conserver à notre département les profits résultant de la production de l'alcool, d'augmenter la fertilité de leurs terres par une large consommation de pulpes, de faire de la viande sur une vaste échelle, afin de mettre cet aliment essentiel, devenu si rare et si cher, à la portée d'un plus grand nombre de consommateurs.

Le Président de la Société de la Gironde,

JULES IVOY.

L'Académie des Sciences a reçu, de M. Descharmes, une communication ayant pour objet de démontrer que l'on peut extraire une boisson alcoolique des tiges du topinambour (*helianthus tuberosus*). C'est à M. de Renneville, fondateur et directeur de la colonie d'Allonville, près d'Amiens, que cette découverte est due.

Ayant remarqué que les enfants qu'il occupait à la récolte des topinambours en suçaient continuellement les tiges, auxquelles ils trouvaient, sans aucun doute, une saveur sucrée, M. de Renneville pensa qu'on pourrait en obtenir une liqueur vineuse, et, à cet effet, il remit 300 grammes environ de tiges d'helianthus tuberosus à un pharmacien d'Amiens, M. Benard, qui a opéré de la manière suivante :

Les tiges, après avoir été coupées avec un couteau à racines et écrasées dans un mortier de marbre, ont été abandonnées à la macération avec 400 grammes d'eau froide ; au bout de douze heures, le tout a été exprimé à travers une toile.

On a obtenu 300 grammes d'une liqueur sucrée qui marquait 9 degrés au pèse-sirop (*densité 1,005*). On a versé ensuite 300 grammes d'eau froide sur la pulpe et, après douze heures de macération, on a exprimé de nouveau et obtenu 300 grammes d'une seconde liqueur sucrée marquant encore 5 degrés. On aurait pu obtenir une troisième liqueur, car la pulpe n'était pas épuisée. Ces deux liqueurs, additionnées séparément d'un peu de levure, ont bientôt éprouvé la fermentation alcoolique qui a duré plus de quarante-huit heures. Alors les liqueurs ont été filtrées. La première, qui marquait 9 degrés au pèse-sirop avant la fermentation, n'en avait plus que 5 ; et la seconde était descendue de 5 à 2 degrés. Ces liqueurs, surtout la première, avaient une saveur vineuse légèrement sucrée et agréable. La seconde avait la couleur du vin de Madère. L'autre, une teinte un peu rougeâtre.

De cette première expérience, il résulte, d'après l'auteur de la communication, que l'on peut avec 50 kilogrammes de tiges de topinambour obtenir 1 hectolitre de liqueur aussi spiritueuse que le cidre le plus fort. Il ajoute que la pulpe peut être donnée aux bestiaux qui la mangent avec autant d'avidité que celle de betterave qui a servi à faire du sucre.

Extrait de la lettre de MM. LAFOND , *agriculteurs
au Peux-de-Persac, à Messieurs les membres de
la Société d'agriculture, belles-lettres, sciences
et arts de Poitiers.*

MESSIEURS,

Nous savons trop bien apprécier l'intérêt véritable
et sérieux que vous portez à l'agriculture , et les
encouragements utiles et éclairés que vous ne cessez
de lui donner, pour négliger de répondre aux ques-
tions que vous nous avez posées sur la culture et
l'emploi du topinambour.

Nos premiers essais en ce genre remontent à
l'année 1848 ; nous avons débuté par un ensemencement de 40 hectolitres, et nous pouvons vous
affirmer que nous ferons plus que quintupler ce
chiffre en 1853.

Les sols *légers* et *parfaitement sains* conviennent
surtout à cette plante. Ce n'est pas précisément
qu'elle ne soit susceptible d'acquérir le même degré
de croissance dans d'autres terrains ; mais il faut
pouvoir en pratiquer l'extraction et l'enlèvement
pendant toute la saison d'hiver, et il importe beaucoup que la terre ne reste pas attachée aux tuber-

cules, afin d'éviter de les laver, opération pénible, dispendieuse et toujours imparfaite.

Les façons que le topinambour exige sont exactement celles que l'on donne à la pomme de terre.

Nous nous dispensons du binage et du sarclage, dont nous n'avons pas encore reconnu l'utilité.

L'extraction s'opère avec le pic, du 15 décembre au 15 avril, suivant les besoins ; et nous faisons en sorte de proportionner chacun de nos approvisionnements partiels à la consommation de quinze à vingt jours au plus. Au bout de ce temps, les tubercules se rident, se flétrissent, se ramollissent, et les bestiaux ne les mangent plus avec la même avidité.

L'extraction terminée, nous donnons à la terre les labours convenables pour un ensemencement de froment (et jusque-là nous n'avons pas remarqué que la première récolte ait causé le moindre préjudice à la seconde), ou nous semons immédiatement une avoine avec un trèfle. Cette dernière méthode nous semble préférable pour arrêter la reproduction spontanée du topinambour.

La seule précaution à prendre pour la conservation des tubercules, c'est de ne pas les arracher trop longtemps à l'avance. Dans un sol propre à ce genre de culture, ils peuvent rester en terre jusqu'à l'époque de la plantation suivante, sans éprouver la plus légère altération, quelles que soient les conditions atmosphériques et l'intensité du froid.

Nous employons en moyenne 20 à 25 hectolitres de semence à l'hectare, et nous ne coupons que les plus gros tubercules.

Le rendement *ordinaire* et à peu près *certain* varie de *4 à 500* hectolitres.

Il est à remarquer que nous ne fumons jamais nos topinambours, et qu'avec une bonne fumure ils rendraient indubitablement beaucoup plus.

Nous n'avons point calculé le produit en feuilles et en tiges sèches.

Le topinambour nourrit et entretient en très-bon état les jeunes porcs *qui le mangent cru*. Nous tenons pour constant qu'aucune autre espèce de fourrage ou de plante fourragère (sauf la pomme de terre) ne saurait lui être comparée pour l'engraissement des bœufs et des moutons.

Nous le donnons toujours cru : aux bœufs tel qu'il se trouve, et coupé par tranches aux moutons.

Les tubercules n'ont besoin d'être lavés qu'autant qu'ils ont été récoltés par un temps de pluie, ce que nous évitons le plus possible.

Il faut bien se garder d'employer le topinambour comme nourriture accessoire et supplémentaire. C'est lui qui doit former la principale base de l'alimentation des animaux qu'on engraisse.

Nous calculons habituellement sur une consommation de 60 à 80 hectolitres de tubercules par bœuf pour trois mois (nous avons eu des bœufs, cet hiver dernier, dont chaque paire nous en a absorbé jusqu'à 2 hectolitres par jour).

Trois litres suffisent largement à l'alimentation quotidienne d'un mouton de moyenne grosseur.

Nous devons ajouter que le dégoût d'autres aliments, produit par le topinambour sur les animaux qui le consomment, s'efface aussitôt que ceux-ci sont complètement privés de ce légume, et qu'ils ne tardent pas à reprendre leurs anciens appétits ; de telle sorte qu'on peut le supprimer sans inconvénient ; mais il ne faut pas l'économiser tant qu'on en fait usage.

Nous dirons enfin que, pour compléter l'effet du topinambour et conjurer *sûrement* les indigestions que quelques agriculteurs ont eu à déplorer, nous donnons, en même temps, à nos bestiaux d'engrais une petite ration d'avoine (8 litres par bœuf, 1 litre par mouton), et que nous prenons en outre la précaution de corriger l'eau que boivent nos moutons par une légère addition de tourteau de noix ou de colza broyé.

Quant aux données sur la valeur nutritive de ce tubercule, voici ce que l'expérience nous a démontré :

A ce point de vue, c'est le topinambour pour les bœufs et les moutons d'engrais que nous estimons le plus. La betterave et le navet lui sont fort inférieurs.

Avec la betterave et le navet, on obtient un engraissement long et médiocre ; avec le topinambour, l'engraissement est prompt et parfait.

Avec la betterave et le navet, la consommation du foin ne diminue pas sensiblement ; avec le topinambour, elle diminue de plus des deux tiers.

Nous posons en fait (et nous en avons bien des fois renouvelé l'épreuve) que deux bœufs nourris sans légumes, ou quatre bœufs gorgés de betteraves ou de navets, absorbent quotidiennement plus de foin que six bœufs fournis de topinambours à discrétion ; nous ne craignons pas d'ajouter que ces derniers prennent plus de graisse en trois mois que les autres en six.

Dans la pratique, nous préparons nos bœufs avec le navet et nous les finissons avec le topinambour.

Maintenant, si nous envisageons le produit *net* de la culture du topinambour, comparé au produit *net* de la culture de la carotte, de la betterave ou du navet, la supériorité du topinambour ne peut pas être discutée.

Nous laissons dans le champ qui les a produites les feuilles et les tiges.

Les topinambours ensemencés en terrain convenable réussissent *immanquablement*.

Tous les labours préparatoires se donnent du 11 novembre au 15 mars ; l'extraction se fait pendant le même laps de temps, et *partiellement ;* la plantation doit être terminée au 15 avril pour le plus tard. Ainsi, toutes ces opérations se pratiquent durant la saison d'hiver, et laissent aux cultivateurs une grande latitude sur le choix des jours et heures qui les gênent le moins. Nous ne connaissons donc pas de culture plus facile et moins coûteuse. Reste pourtant le buttage, qui mérite à peine qu'on en fasse mention.

Bien évidemment il n'y a pas à craindre que les topinambours plantés en terre légère et saine pourrissent avant la levée. Or, comme ils croissent en grosseur jusqu'à la fin de décembre et même de janvier, on est toujours certain de leur voir acquérir leur développement normal, quelle qu'ait été la température antérieure. Nous n'avons pas besoin d'ajouter que ce développement, ainsi que la multiplication des tubercules, varie suivant la qualité du sol.

Nos colons ne donnent de l'avoine aux bestiaux qu'ils engraissent que pendant le dernier mois de l'engraissement. Nous ne redoutons pas du tout l'usage du topinambour seul pour les bœufs; seulement nous leur tirons un peu de sang s'il paraît les tourmenter et leur occasionner de fortes démangeaisons.

Veuillez agréer, Messieurs, l'assurance de notre considération très-distinguée et de notre dévouement.

A. LAFOND.

Le Peux, 28 juin 1853.

Voici l'exposé succinct d'un système fort ingénieux qui fait du topinambour un agent de fertilisation pour les terres sèches et chaudes. Cette pratique a été imaginée par M. de Renneville, du département de la Somme, qui est parvenu à décupler ainsi la valeur de terrains qui ne donnaient jusque-là qu'un très-pauvre revenu.

Cet agriculteur habile avait observé que l'ombre des plantes d'une vigoureuse végétation opère l'effet le plus salutaire sur le sol, pourvu qu'elles fussent convenablement espacées et que, par des binages répétés, on entretînt la couche arable dans un état parfait de netteté et d'ameublissement.

Partant de cette observation, M. de Renneville a planté de mètre en mètre, sur un sol aride et pauvre, des tubercules de topinambour. Pour activer la végétation de cette plante qui, tirant la plus grande partie de sa subsistance de l'atmosphère, n'a besoin d'être soutenue que pendant les deux premiers mois de sa plantation, il faisait placer sur les tubercules une petite quantité de bonne terre à blé apportée du voisinage, et recouvrait le tout avec la terre du champ. Cette tentative ayant parfaitement réussi, M. de Renneville a continué cette pratique. Le produit en tubercules a toujours couvert avec profit les frais de culture, y compris le transport des terres ; et maintenant, là où les yeux ne rencontraient qu'une terre aride et dépouillée, ils sont réjouis par l'aspect d'une magnifique végétation. Cinquante tombereaux de bonne terre suffisent pour la plantation d'un hectare. En cultivant ainsi le topinambour pendant deux années consécutives, on obtient ensuite des récoltes bien supérieures à celles qui suivent une jachère morte, et l'on arrive graduellement à l'amélioration du sol.

Le même résultat pourrait être obtenu en cultivant de la même manière des pommes de terre, des haricots à rame, des choux. Mais ces cultures sont plus épuisantes et plus dispendieuses que celle du topinambour. Il faut alors remplacer la terre empruntée par de bon fumier.

Relativement au rendement du topinambour, M. Ivart, d'après ses essais comparatifs avec la grosse pomme de terre blanche commune, affirme que, toutes circonstances égales, l'avantage a toujours été en faveur du topinambour, dont la supériorité de produit s'est quelquefois élevée au tiers en sus.

Royer dit que le topinambour rapportait chez un de ses amis, dans de fortes terres argilo-siliceuses, 600 hectolitres par hectare; et comme un hectolitre de topinambours pèse de 68 à 70 kilogrammes, cela fait un produit de 42,000 kilogrammes de nourriture par hectare.

D'autres auteurs parlent aussi d'un rendement de 600 hectolitres. Cependant nous ne baserons nos calculs que sur un produit de 250 hectolitres par

hectare, qui pèsent environ 17,000 kilogrammes ;
en en donnant chaque jour 3 kilogrammes et demi
par mouton, vous pourrez, avec la récolte d'un
hectare, engraisser quatre-vingts bêtes à laine, en les
nourrissant ainsi pendant deux mois.

Voici maintenant le détail des frais pour cultiver
cette plante sur l'étendue dont nous venons de
parler :

Vingt-cinq hectolitres de semences, à 2 fr. l'un.... 50ᶠ

Frais pour semer les tubercules, émotter et achever
de fermer les sillons après le travail de la charrue ;
une femme peut faire cet ouvrage................... 2

Deux labours.................................... 26

Récolte à bras et emmagasinage................. 40

Loyer d'un hectare pendant une année........... 48

Pour demi-année d'impôts..................... 2

TOTAL de la dépense pour un hectare........ 168ᶠ

Il faut observer que, dans la somme totale des
dépenses, les semences entrent pour 50 fr. par hectare ; et comme on sait que le topinambour se reproduit de lui-même dans le terrain où il vient d'être
cultivé, sans qu'on ait besoin de le semer de nouveau, ce sera 50 fr. de moins qu'il faudra porter à
l'article des frais de la seconde année que vous cul-
tiverez cette plante dans vos mêmes champs.

Lorsque nous eûmes introduit le topinambour dans
notre grande culture, il s'opéra une métamorphose
bien avantageuse dans nos étables : nous n'eûmes

plus de mauvaises pièces de bétail; la peau de nos vaches devint plus souple, leur poil plus luisant; elles donnèrent le double de lait que les hivers précédents. Le topinambour est si nourrissant, que nous remarquâmes qu'un hectare de cette plante profitait mieux à nos animaux que 20,000 kilogrammes de luzerne. Nous engraissâmes rapidement nos plus mauvaises vaches, nos plus mauvaises brebis, et nous les vendîmes fort avantageusement. Enfin, nous parquâmes des cochons anglais de la race de Hampsire sur un champ de topinambours : et, au bout de six semaines, nous les livrâmes à la boucherie, moyennant 130 fr. la pièce, sans qu'ils eussent consommé aucune autre nourriture.

Depuis cette époque, nous croyons que les Alsaciens ont raison de préférer le topinambour à toutes les autres racines, et nous pensons également, avec Pétri, qu'il vaut mieux pour le bétail que la pomme de terre.

Nous exagérons sciemment, en indiquant 3 kilogrammes 1/2 comme étant la ration nécessaire à un mouton à l'engrais; car nous sommes convaincu qu'une ration de 2 kilogrammes 1/2 par tête est plus que suffisante. On conseille de mêler quelques poignées de sel ou d'avoine à cet aliment, avant de le livrer aux bœufs et aux bêtes à laine.

Donnez-en 14 kilogrammes par jour à un cochon

anglais adulte, et il s'entretiendra en bon état. Pour l'engraisser, il lui en faudra de 20 à 25 kilogrammes par jour.

Puisqu'il est avéré que l'homme qui est obligé d'avoir recours à une bande de mercenaires pour cultiver sa propriété ne récolte que des soucis lorsqu'il ensemence la majeure partie de ses terres en céréales, et qu'il a même généralement la douleur de se trouver, à la fin de chaque année, plus ou moins en déficit, voyons s'il ne serait pas plus avantageux pour lui de remplir la majeure partie de ses champs de topinambours que de les ensemencer, comme on a l'habitude de le faire, en grains de différentes espèces.

Si quelques personnes trouvent ce projet extraordinaire, nous leur demanderons s'il ne vaut pas mieux s'enrichir en cultivant des topinambours que de se ruiner en semant du blé. Nous leur citerons l'exemple des habitants des îles Bourbon, de la Martinique, de la Guadeloupe, qui, trouvant plus de profit à récolter du café, du poivre, du coton, du sucre, s'adonnent de préférence à la culture des plantes qui produisent ces denrées plutôt qu'à celle des céréales.

Dans les lieux qui environnent les fabriques de sucre de betteraves, les terres sont généralement employées à la culture de la plante qui produit le sucre. Dans les contrées où l'on élève des vers à soie, les champs sont plantés de mûriers. Dans les pays qui produisent de bon vin, de bonne eau-de-vie, la campagne est couverte de vignes.

Pourquoi, si nous vous démontrons que le topinambour peut vous rapporter plus que la betterave, que la vigne, que le mûrier et le blé, n'ensemence-riez-vous donc pas de préférence vos terres en topinambours, plante très-féconde et qui exige fort peu de frais de culture.

Si nos conseils sont suivis, la production des subsistances augmentera sous un rapport fort essentiel, pour ceux qui se plaignent de ce que le prix de la viande se maintient à un taux trop élevé pour que le peuple puisse en consommer autant que cela serait nécessaire à l'entretien de la santé des masses. L'immense quantité de produits de boucherie qu'on obtiendra de plus qu'aujourd'hui compensera très-avantageusement le petit nombre d'hectolitres de blé qui pourront se trouver en moins dans la circulation, et l'on parviendrait ainsi à remédier au grave inconvénient signalé depuis long-temps par les économistes qui prétendent que les ouvriers français résistent moins à l'ouvrage que ceux d'Angleterre, parce que les premiers consomment moins de viande que les derniers.

Nous supposons à la tête de notre exploitation de 56 hectares un homme intelligent et actif, ayant l'intention de faire consommer sa récolte de topinam-

11

bours par des moutons, et qui ait ensemencé ce domaine de la manière suivante :

44 hectares en topinambours,

2   en avoine,

10   en luzerne.

TOTAL.. 56 hectares.

Toutes les fois que nous avons engraissé des moutons pendant l'hiver avec des topinambours, nous avons gagné au moins 12 fr. par tête, sans compter le prix de la laine, ni celui du fumier. Lorsque nous les avons tondus, en commençant à les engraisser comme nous l'avons enseigné à l'article des rutabagas, nous avons gagné 15 fr. à la raie. Cependant, nous allons supposer le troupeau mal acheté, et nous n'évaluerons qu'à 2 fr. 50 c. le gain que l'on fera par tête.

Ordinairement, nos moutons nourris de topinambours étaient gras en six semaines, et cependant nous supposerons ici que leur engraissement durera deux mois, ce qui fait un quart de consommation de plus qu'ils n'en font réellement.

Or, nous avons démontré plus haut qu'un hectare de topinambours pouvait engraisser 80 moutons; donc, 44 hectares en engraisseront 5,520. A 2 fr. 50 c. de bénéfice par tête, fait............................ 8,800ᶠ »ᶜ

Chaque animal fera pour 50 c. de fumier

A reporter....   8,800ᶠ »ᶜ

Report.......	8,800^f » ^c

par mois; comme l'engraissement dure deux mois, cela fait........................ **5,520** »

La tonte d'hiver étant de 750 grammes par mouton, à raison de 4 fr. le kilogramme, les 5,520 bêtes donneront pour 10,560 fr. de laine, ci............................ **10,560** »

Le second article de cet assolement est de l'avoine. Etant fumée, elle rendra le double de ce qu'elle rapporterait si elle était mise en troisième récolte. On peut donc supposer qu'elle produira 22 hectolitres à l'hectare; les 2 hectares rapporteront donc 44 hectolitres, à 7 fr. l'un, cela fait..................... **508** »

Plus 2,420 kilogrammes de paille, à 12 fr. 50 c. les 500 kilogrammes, font pour 1 hectare 60 fr. 50 c. et pour 2 hectares 121 fr., ci.. **121** »

Quant au troisième article de l'assolement, qui est 10 hectares de luzerne, le produit en sera consommé par des bêtes de travail, parmi lesquelles se trouveront huit vaches, rapportant chacune 200 fr. de fromage. Les huit produiront donc.................... **1,600** »

Plus 457 kilogrammes de graine de la plante dont il est question, à 80 c. l'un, font...... **549 60**

TOTAL des recettes............ **25,258^f 60^c**

Les frais pour l'ensemencement, la culture et la récolte d'un hectare de topinambours étant de 168 fr., d'après le détail que nous en avons donné précédemment, la première

A reporter.... **25,258^f 60^c**

Report....... 25,258ᶠ 60ᶜ

année qu'on ensemencera en topinambours les
44 hectares indiqués dans l'assolement ci-dessus, la dépense s'élèvera à 7,592 fr.

Mais, comme on sait que le topinambour
peut donner indéfiniment de bonnes récoltes
dans le même terrain, sans avoir besoin d'être
semé de nouveau : en diminuant le prix de la
semence, qui est de 50 fr. par hectare, les
frais que nous venons d'évaluer, pour la première année, à 7,592 fr., ne seront plus, la
seconde année et les suivantes qu'on cultivera
les topinambours dans les mêmes champs, que
de 5,192 fr.

Prenant la moyenne pour dix ans, elle est
de...................... 5,412ᶠ »ᶜ

Trois personnes avec un coupe-
racines sont nécessaires pour faire
le service de la bergerie. A 1 fr.
25 c. par jour pour chaque homme,
60 jours font................ 225 »

Charrois de terre, sable ou débris de carrière pour litière. Cent
charretées, à 2 fr. l'une, font... 200 »

Comme un troupeau de 5,520
bêtes à laine donnerait beaucoup
d'embarras, on le partagera en
deux divisions, que l'on engrais-
sera pendant deux mois, l'une
après l'autre. Chaque troupeau
sera de 1,760 moutons, que nous

A reporter.... 5,857ᶠ »ᶜ 25,258ᶠ 60ᶜ

Report......	5,857^f »^{c}	25,258^f 60^c

supposerons achetés 15 fr. la pièce, ce qui fera 26,400 fr., dont l'intérêt à 8 0/0 pendant quatre mois est de................. 704 »

En donnant 250 grammes de foin par jour à chaque mouton, les 5,520 en consommeront 52,800 kilogrammes. A raison de 25 fr. les 500 kilogrammes, cela fait...................... 2,640 »

L'avoine se trouvera bien fumée en lui donnant seulement la moitié de l'engrais qu'on accorde au froment, et qui vaut 126^f »^{c}

Au lieu d'un labour, on lui en donnera deux 26 »

Loyer d'un hectare.. 48 »

Les autres frais seront les mêmes que ceux dont le détail existe dans notre chapitre des céréales ; ils s'élèvent, pour un hectare, environ à 52 fr. 25 qu'il faut ajouter...... 52 25

Total des frais pour un hectare en avoine.. 252 25

La dépense pour 2 hectares sera donc de.............. 504 50

A reporter....	9,685^f 50^c	25,258^f 60^c

	Dépenses.	Recettes.
Report.....	9,685^f 50^c	25,258^f 60^c
Pour les 10 hectares de luzerne, on donnera deux labours par hectare ; à 15 fr. l'un....	260 »	
Fumure................	2,520 »	
Pour récolter les deux coupes de chaque hectare, il faut 20 fr. par hectare ; 10 hectares coûteront donc................	200 »	
TOTAL des dépenses à retrancher des recettes............	12,665^f 50^c	12,665 50
EXCÉDANT des recettes................		12,593^f 10^c

Nous allons faire le résumé des recettes et des dépenses de cet assolement sur un tableau, afin que le lecteur puisse d'un seul coup-d'œil en voir les résultats.

(Voir le Tableau ci-contre).

Quelques réflexions au sujet du Tableau n° 3 ci-contre.

Quelles sont les objections sérieuses que l'on sera fondé à nous faire relativement au tableau n° 3 ? Prétendra-t-on que le topinambour n'engraisse pas rapidement les moutons ? Mais alors nous dirons aux incrédules : allez donc, comme nous l'avons fait nous-même, dans le département de la Charente, visiter les cultivateurs de La Rochefoucault, de Saint-

DEUXIÈME ASSOLEMENT D'OR.

(p. 150.)

Assolement où la culture du topinambour occupe la plus grande partie des terres. Bénéfice net que peut rapporter cette plante, en l'employant à engraisser des moutons.

NOMBRE d'hectares.	NOMS DES PLANTES qui occupent le terrain.	MÉMOIRE pour aider à calculer les Recettes.	VALEURS créées ou Recettes.	DÉPENSES.	MÉMOIRE pour aider à calculer les Dépenses.
44	Topinambours.	Un hectare engraisse 80 moutons (voir à la page 142), donc 44 hectares en engraisseront 5,520, à 2 fr. 50 c. de bénéfice par tête, fait...... 8,800f Chaque animal fera pour 50 c. de fumier par mois; comme l'engraissement dure deux mois, cela fait....... 5,520 La tonte d'hiver étant de 750 grammes par mouton, à raison de 4 fr. le kilogramme, les 5,520 bêtes donneront pour 10,560 fr. de laine..... 10,560	22,880f »	9,481f »	Les 44 hectares de topinambours coûteront à cultiver et à récolter, la première année. 7,592 fr., et la seconde année qu'ils occuperont le même terrain et les suivantes...... 5,492 fr. Prenant la moyenne, pour dix ans, elle est de............ 5,442f Trois personnes, à 4 fr. 25 c. par jour, pour couper les topinambours et faire le service de la bergerie, pendant 60 jours.... 225 Terre, sable ou débris de carrière pour litière; 100 charretées, à 2 fr. l'une............... 200 Comme un troupeau de 5,520 moutons donnerait beaucoup d'embarras, on le partagera en deux divisions, que l'on engraissera pendant deux mois, l'une après l'autre. Chaque troupeau sera de 4,760 bêtes, que nous supposerons achetées 15 fr. la pièce, ce qui fera 26,400 fr., dont l'intérêt à 8 p. °/₀, pendant quatre mois, est de......... 704 En donnant 250 grammes de foin par jour à chaque mouton, les 5,520 en consommeront 52,800 kilogrammes; à raison de 25 fr. les 500 kilogrammes, cela fait............... 2,640
2	Avoine.	Cette avoine étant fumée, rendra le double de ce qu'elle eût rapporté en troisième récolte sans être fumée; selon l'usage établi dans certains pays, elle pourra produire 22 hectolitres par hectare, à 7 fr. l'un, fait 154 fr. On a 110 kilogrammes de paille par chaque hectolitre; les 22 hectolitres de grain font donc présumer 2,420 kilogrammes de paille, à 42 fr. 50 c. les 500 kilogrammes, font 60 fr. 50 c. Total, 214 fr. 50 c. pour un hectare, et pour deux hectares, 429 fr., ci........ 429 »	429 »	504 50	Moitié du fumier nécessaire au froment pour un hectare, fait.. 126 Au lieu d'un labour, on en donnera deux pour......... 26 Loyer d'un hectare............ 48 Les autres frais s'élèvent, pour un hectare, à.............. 52 25 Total des frais pour un hectare.................. 252 25 La dépense, pour deux hectares, sera de 504 fr. 50 c.
10	Luzerne.	Employés à la nourriture du bétail d'ouvrage, parmi lequel se trouve huit vaches rapportant chacune 200 fr., les huit produiront donc............ 4,600 Plus 457 kilogrammes de graine, à 80 c. l'un, fait.... 549f 60	4,949 60	2,980 »	Deux labours, à 45 fr. l'un par hectare, et pour dix hectares... 260 Fumure de la luzerne, 252 fr. par hectare, et pour dix hectares.. 2,520 Pour récolter les deux coupes de chaque hectare, il faut 20 fr. par hectare; 10 hectares coûteront................. 200f
TOTAL 56		TOTAL des Recettes créées ou valeurs brutes.	25,258f 60c	12,665f 50c	TOTAL général des Dépenses.

RECETTES, quittes de tous frais.............. 12,595 fr. 10 c.

Claud, etc., etc.; vous vous assurerez dans ces lieux de la réalité du fait que nous avançons.

Dès que vous aurez acquis la preuve qu'il est possible d'engraisser dix moutons de la manière que nous indiquons, vous conviendrez alors qu'on peut aussi en engraisser 3,520, pourvu qu'on ait la nourriture nécessaire. Or, les chiffres prouvent que nous avons plus de pâture qu'il ne nous en faut. Nous n'évaluons qu'à 2 fr. 50 c. le bénéfice qu'on peut faire par tête, tandis que notre expérience nous a démontré qu'on doit réaliser plus de 10 fr. par bête, lorsque le troupeau n'est acheté qu'au prix du cours, comme nous l'avons dit à l'article des rutabagas. Pour faire la spéculation que nous vous proposons, vous avez l'avantage immense d'acheter les moutons au moment où tous les autres cultivateurs veulent en vendre. A l'entrée de l'hiver, ils se débarrassent généralement, à quelque prix que ce soit, des vieilles brebis qui n'ont plus assez d'activité pour chercher leur pâture, ni les dents nécessaires pour pincer l'herbe courte; et que l'on soupçonne de n'avoir plus la force de résister aux rigueurs de la mauvaise saison; ce sont celles-ci qui vous donneront quelquefois le plus de bénéfice.

Nous avons souvent acquis des bêtes de ce genre, fort maigres, pour moins de 5 francs, et qui, nourries de topinambours, sont devenues superbes et ont été vendues de 20 à 22 fr. pièce.

Quant au débit des bêtes à laine grasses, il devient de plus en plus facile par rapport aux lignes de fer aboutissant à Paris, dont la France se couvre de tous côtés. Les moutons gras sont d'ailleurs beaucoup plus recherchés en hiver qu'en été, parce qu'ils sont plus rares.

CHAPITRE X.

Troisième manière de retirer de la race ovine un revenu considérable.

Comme nous devons supposer que plusieurs personnes, par différents motifs, ne pourront pas ou ne voudront pas aller aux foires acheter des moutons et en vendre, nous allons indiquer à celles qui aiment le repos le moyen de peu déroger à leurs habitudes casanières et néanmoins de retirer de la race ovine beaucoup plus de revenu qu'en cultivant selon les méthodes ordinaires.

Si vos terres ont un peu de profondeur, si elles sont plutôt fraîches qu'ardentes, créez des herbages en ray-grass et en trèfle blanc, de la manière que nous vous avons indiquée à l'article ray-grass. En semant cette graminée, nous vous recommandons de nouveau de bien la fumer, quelle que soit, d'ailleurs, la fertilité du terrain dans lequel vous la mettrez ; plus vous donnerez d'engrais à votre ray-grass, et plus il vous rapportera de bénéfice. Vous pourrez occuper les 56 hectares de votre propriété de la manière suivante :

TROISIÈME ASSOLEMENT D'OR.

14 hectares	en topinambours.
2 —	en avoine.
6 —	en luzerne.
54 —	en ray-grass.

TOTAL. 56 hectares.

Le ray-grass a la qualité bien précieuse de repousser en quelque sorte sous la dent qui le broute. Ainsi, huit jours après qu'une étendue de cette graminée aura été rongée, vous pourrez y ramener vos moutons, et ils trouveront encore de quoi s'y rassasier. Cette plante n'incommode pas les ruminants comme le trèfle et la luzerne.

Avec 34 hectares de ray-grass, vous pourrez nourrir, pendant les deux tiers de l'année, 1,088 brebis (voir la page 91).

Mais vous vous bornerez à avoir 888 portières, parce qu'il faudra réserver, pour alimenter pendant la meilleure saison les agneaux qui naîtront de votre troupeau, la pâture qui serait nécessaire pour nourrir 200 bêtes adultes.

Puis, avec 14 hectares de topinambours, vous pourrez nourrir, pendant les quatre plus mauvais mois de l'année, 729 bêtes à laine, ayant par tête 2 kilogrammes de tubercules par jour (1) et vous aurez, en outre, la nourriture nécessaire pour alimenter tous les agneaux qui naîtront et celle pour engraisser (ce qui dure deux mois) 300 de vos brebis les plus vieilles que vous voudrez réformer, et que vous remplacerez par une même quantité de femelles de l'année.

En effet, les 14 hectares de topinambours rapportent 3,500 hectolitres de tubercules, qui pèsent environ 238,000 kilogrammes.

Les 300 vieilles brebis, avec une ration par jour de 3 kilogrammes 1/2, mangent, pendant les deux mois de leur engraissement, 63,000 kilogrammes de topinambours, et les 175,000 kilogrammes restant pourront en alimenter 729, avec une ration journalière de 2 kilogrammes pendant quatre mois; mais, comme nous n'avons à en nourrir que 588, le surplus de cette pâture servira à la subsistance des agneaux durant la mauvaise saison, si l'on ne s'est pas décidé à les vendre à l'entrée de l'hiver.

Conséquemment, dans le cas où vous aimerez le repos, au lieu d'engraisser des moutons, n'ayez que des brebis pour la production. Sur 56 hectares ensemencés comme nous vous l'avons indiqué, vous pourrez, disons-nous, en nourrir 888 avec leurs suites, pendant l'été comme pendant l'hiver.

(1) Nous avons dit qu'il faut par jour 3 kilogrammes 1/2 de tubercules de topinambours pour engraisser une bête à laine, mais 2 kilogrammes suffiront pour l'entretenir en bon état.

En composant votre troupeau d'animaux de bonne espèce, vous pourrez compter que chaque brebis, en agneau, en laine et en croissance individuelle, vous rapportera au moins 10 fr. par tête; les 888 produiront donc.................................... 8,880^f » ^{c}

Plus 10 fr. de fumier par portière, en ajoutant ensemble celui de la mère et celui de son agneau, ci.............................. 8,880 »

En vendant 500 vieilles brebis grasses au lieu de 500 agneaux, vous devrez faire un boni extraordinaire de 10 fr. par tête; car, si vos agneaux valent 10 fr. à la raie, vous ne pourrez pas vendre moins de 20 fr. pièce vos portières engraissées; c'est donc 5,000 fr. à ajouter.................................... 5,000 »

TOTAL des valeurs créées par votre troupeau de brebis.............................. 20,760^f » ^{c}

DÉTAIL DES FRAIS

De l'assolement où le ray-grass et les topinambours occupent la majeure partie des terres.

Si, comme nous vous le conseillons, vous semez le ray-grass dans un fourrage hâtif, il est juste de mettre au compte de ce dernier la moitié de la fumure et la moitié des frais de labour.

Nous avons vu que la graine nécessaire pour ensemencer un hectare en ray-grass et en trèfle blanc vaut.......... 45^f » ^{c}

A reporter....   45^f » ^{c} 20,760^f » ^{c}

Report....... 45^f »^{c} 20,760^f »^{c}

Moitié fumure .... 126 »
Deux labours, 26 fr. ; moitié.   15 »

TOTAL...........   182 »

Le pâturage de ray-grass ayant trois années de durée, on peut répartir ces frais sur chacune d'elles, et par conséquent les diviser par tiers ; ils seront, pour une année, de..............   60^f 66^c

A quoi il faut ajouter le loyer de la terre.................   48 »

Les impôts..............   4 »

TOTAL des frais pour 1 hectare.   112 66

Et pour 54 hectares, le coût sera de..................   5,850 44

Plus les frais de culture de 14 hectares de topinambours. Le coût sera, la première année, par hectare, de 168 fr. ; mais la seconde année que le champ produira des topinambours, ces frais ne s'élèveront plus qu'à 118 fr. En cherchant la moyenne pour 10 ans entre 9 années de dépenses à 118 fr. et une à 168 fr., elle se trouve de 125 fr. ; les frais de culture des topinambours et d'extraction des tubercules pour cha-

A reporter....   5,850^f 44^c 20,760^f »^{c}

	Dépenses.	Recettes.
Report.......	5,850^f 44^c	20,760^f »^{c}

que hectare seront donc de 125 fr.
La culture et la récolte des 14 hectares occasionneront donc une dépense de.................... 1,722 »

Plus pour frais de litière pendant les 4 mois que les brebis ne
seront pas au parc............ 1,444 »

Plus pour frais de logement.. 100 »

Salaire du berger pour l'année. 500 »

Sa nourriture............... 180 »

Salaire de son aide pour l'année 80 »

Sa nourriture.............. 180 »

Salaire et nourriture d'une autre personne pour faire le service
de la bergerie pendant les 4 mois
de la mauvaise saison, à 1 fr. 25 c.
par jour, nourriture comprise.. 150 »

En donnant 250 grammes de
foin par jour à chaque brebis,
les 888 en consommeront 26,640
kilogrammes à 25 fr. les 500 kilogrammes, ci.............. 1,552 »

Total général des dépenses.. 9,518 44   9,518 44

En faisant la balance, on trouve que les recettes ou valeurs créées par un troupeau de
888 brebis sur une étendue de 56 hectares,
déduction faite de tous frais, s'élèvent à..... 11,441^{f}56^c

Résultat beaucoup plus avantageux que celui
donné par l'assolement du tableau n° 1 et par les

autres méthodes généralement suivies en France,
qui laissent fort souvent le cultivateur en déficit.

Si vos terres sont calcaires, maigres, ardentes,
il faudra renoncer à faire des herbages avec du ray-
grass, parce que les sols de cette nature ne conviennent pas à cette graminée. Vous pourrez cependant
continuer la culture du topinambour pour nourrir
votre troupeau pendant l'hiver, attendu que cette
plante prospère aussi sur les terres chaudes et même
un peu arides, tandis que le rutabaga les préfère
fraîches. Alors, pour remplacer le ray-grass, faites
des fourrages hâtifs, comme nous l'avons enseigné
précédemment, afin d'entretenir vos bêtes à laine
durant la belle saison ; et si vous ensemencez vos
56 hectares de la manière suivante :

QUATRIÈME ASSOLEMENT D'OR.

15 hectares en fourrages hâtifs,
56 — en topinambours,
5 — en luzerne,

Total. 56 hectares,

vous pourrez entretenir pendant toute l'année : 1° les
bêtes de trait nécessaires pour faire votre ouvrage; 2° un si grand nombre de brebis portières
pouvant vous rapporter un revenu tellement considérable, qu'il excitera votre incrédulité dans le
cas où vous prendrez vous-mêmes la peine d'en faire
le calcul, chose qui vous sera facile, attendu que nous

vous avons donné tous les éléments nécessaires pour
y parvenir. Concluons donc qu'en suivant notre système : sur une étendue de 56 hectares dont les terres
sont de qualité passable, on peut entretenir, en été
comme en hiver, une très-grande quantité de brebis
portières, qui rapporteront un revenu immense.

Pour former votre troupeau, vous emploierez
quelques amis renommés pour connaître les bêtes
à laine de bonne race ; un fermier, ayant lui-même
un troupeau d'élite, sera le plus apte à acheter, en
votre présence, les brebis qui devront fonder le
vôtre. Si vous avez de l'argent, vous pourrez créer
tout d'un coup votre troupeau ; mais si vous n'avez
pas de capitaux, vous vendrez toutes les pièces de
gros bétail qui ne vous seront pas nécessaires pour
exécuter les labours et les charrois de votre exploitation. Vous emploierez l'argent provenant de cette
vente à acheter des brebis et de bons béliers ; puis,
chaque année, vous vendrez seulement les mâles et
vous garderez, pour la reproduction, toutes les femelles bien constituées qui naîtront chez vous. Par
ce moyen, au bout de peu d'années, vous vous trou-
verez possesseur d'un troupeau de 8 à 900 brebis,
sans avoir déboursé beaucoup d'argent.

Lorsque vous aurez formé le noyau de votre troupeau avec des brebis de bonne race, le point le plus
essentiel sera de vous procurer, chaque année, de
bons béliers ; il ne faudra point les acheter à la foire,

parce que le mouton est sujet à des maladies conta-
gieuses, quelquefois assez difficiles à reconnaître,
et qu'un seul bélier, qui serait atteint de quelques-
unes de ces maladies, pourrait infecter tout votre
troupeau. Vous retiendrez à l'avance vos béliers à
des fermiers connus pour avoir une bonne race de
bêtes à laine, et dont vous saurez les brebis saines.
Vous leur recommanderez de vous garder, chaque
année, les mâles de premier choix, et il ne faudra
pas tenir à 10 ou 12 fr. de plus par animal.

De la Stabulation et du Parcage.

On entend par stabulation : nourrir en toute saison le bétail à l'étable, sans jamais l'envoyer au
pâturage.

C'est une méthode très-préconisée depuis quelques
années; elle a des avantages et a aussi des inconvénients.

La fin principale de la stabulation est de produire
plus d'engrais et d'obtenir, en fumant davantage,
plus de blé. Or, comme le blé coûte aux bourgeois
plus qu'il ne leur rapporte, et que le gros bétail ne
paie pas non plus, en général, la nourriture qu'il
consomme, il s'en suit que l'on perd à la fois de deux
côtés.

Sachez qu'il est fort dispendieux de nourrir toute
l'année trente pièces de gros bétail à l'étable; qu'il
faut pour une somme considérable de litière, qui

sort de votre bourse sans y rentrer la plupart du temps; que plusieurs ouvriers sont nécessaires, pendant l'été, pour faucher chaque jour la pâture verte, la charroyer, la distribuer aux animaux, abreuver ces derniers et nettoyer les écuries. Puis, lorsque le maître est absent, messieurs les palefreniers s'amusent à jouer, et ils n'apportent que demi-ration aux bestiaux; tandis que, si l'on conduit les vaches dans un bon pâturage, quoique le maître ne soit pas présent, elles mangent bien néanmoins, et le lendemain elles ont autant de lait que si le chef eût assisté à leur repas.

Croyez-vous qu'il ne soit pas contre nature de garder, pendant toute la belle saison, des juments poulinières enfermées avec leurs suites? L'ennui, l'inaction, la chaleur, les gaz putrides qui se dégagent de la fiente, usent plus qu'on ne croit ces pauvres bêtes; aussi, en les tenant de la sorte emprisonnées, elles ne vivent pas long-temps, tandis que vos voisins, qui envoient les leurs, soir et matin, paître au grand air, les conservent pendant vingt ans.

Cependant, nous ne pouvons le nier, les bêtes produisent plus de fumier par la stabulation que si on les envoyait au pacage; mais, à notre avis, cet engrais devient trop cher.

En fait de gros bétail, nous conseillons d'avoir, pour le travail, des vaches plutôt que des bœufs; quoique celles-ci labourent, elles donnent néanmoins des veaux, du lait et du beurre. Lorsqu'elles sont bien soignées, elles paient mieux leur nourriture que les bœufs.

Les moutons sont les machines à fumier que nous préférons, d'abord parce que leur engrais est meilleur que celui des autres animaux; qu'ensuite, l'engraissement des bêtes à laine ou l'élève des agneaux donne des bénéfices nets que l'on n'obtient pas du gros bétail. En parquant vos moutons, vous n'avez pas besoin d'acheter de litière ni d'être continuellement occupé à faucher et à transporter sur des chars les fourrages verts dans les étables; les urines de vos bêtes ne se perdent point, puisque vos champs les reçoivent directement; vos terres profitent encore du suint de la laine qui se dépose sur le sol pendant que les bêtes sont couchées, et ce suint, presque imperceptible, est cependant un engrais très-actif.

Le parcage vous dispense d'avoir des gens pour sortir le fumier des écuries, pour le piocher, le charger sur des charrettes, le transporter et le répandre dans les terres. Au moyen du parcage, votre fumier se trouve tout rendu; vous n'avez qu'à labourer et à semer. C'est assurément une économie très-importante.

Construction ou acquisition d'un Parc et manière de le dresser.

Si vous avez mille brebis dans une bergerie, chaque bête, pour litière, vous consommera environ un demi-kilogramme de paille par jour, ce qui fera au moins 180,000 kilogrammes de paille par an; à 12 fr. 50 c. les 500 kilogrammes, sans compter les frais de transport, cela vous occasionnerait une dépense annuelle, pour litière, de 4,500 fr., dépense considérable, et dont vous pouvez épargner plus des trois quarts en tenant vos brebis au parc pendant neuf mois. Vous ne les rentrerez dans la bergerie que lorsqu'elles seront sur le point de mettre bas; puis, lorsque les agneaux auront trois mois, vous les mettrez au parc avec leurs mères.

L'acquisition d'un parc est peu onéreuse, comparativement aux frais de litière que celui-ci épargne.

Trois cents claies de deux mètres de long et d'un mètre cinquante centimètres de hauteur, qui vous sont nécessaires pour former deux enceintes susceptibles de contenir chacune mille brebis, vous coûteront 75 centimes pièce, si vous les achetez toutes faites; mais si vous fournissez le bois pour les confectionner, comme on les tisse ordinairement avec des scions gros seulement comme le doigt, et par conséquent de peu de valeur, elles vous reviendront alors à peine à 50 centimes la pièce. En admettant qu'elles coûtassent chacune 75 centimes, ce sera une dépense de 225 francs.

Pour former l'enceinte mobile ou parc, on dresse ces claies les unes au bout des autres, de manière à ce que la dernière placée anticipe un peu sur celle qui la précède. Partout, à la jonction de deux claies, on pratique dans la terre, le plus près possible de ces claies, deux trous avec une barre de fer, l'un en dedans et l'autre en dehors de l'enceinte; on plante un pieu de 1 mètre 66 centimètres de haut dans chacun de ces trous, et on leur fait tenir les claies serrées, en engageant à la fois les parties supérieures de ces deux pieux dans un anneau d'osier ou de noisetier que l'on fait couler vers le bas, jusqu'à ce qu'il ait rencontré les deux claies; on construit ainsi quatre haies qui forment une enceinte carrée, close, où l'on fait entrer les moutons. Tandis qu'ils paissent l'herbe qui est enfermée dans ce parc, le berger en dresse un autre contigu au premier, de manière à ce qu'un côté de celui-ci serve au second : on enlève les deux claies du milieu de ce côté commun lorsqu'on veut faire passer les moutons d'un parc dans l'autre.

Le berger, convenablement armé pour pouvoir défendre, pendant la nuit, son troupeau contre les malfaiteurs ou contre les animaux carnassiers, couche près du parc, dans une cabane montée sur des roues et faite en bois assez léger pour qu'il puisse seul, chaque jour, la traîner à la suite du parc; les chiens se tiennent dans un chenil pratiqué sous la cabane.

Cette petite maisonnette coûte ordinairement 120 fr., plus 50 fr. pour toile et accessoires, dont nous allons parler ci-après.

Ainsi, un parc revenant à 395 fr. environ peut économiser pour 4,500 fr. de litière seulement, sans compter plusieurs autres dépenses que nous avons déjà souvent énumérées, et dont nous ne ferons pas ici de nouveau le détail.

Quelquefois on laisse les moutons pendant le jour dans le lieu où ils ramassent leur nourriture; puis, à l'entrée de la nuit, on les mène coucher dans d'autres parcs, sur des champs qu'on veut fumer et qu'on a eu soin de labourer préalablement, afin que la terre s'imprégnât plus facilement des matières fécales liquides, telles que les urines.

Le berger doit laisser seulement pendant quatre heures les moutons couchés sur le même espace, lorsqu'il les amène d'un bon pâturage; ainsi, depuis neuf heures du soir jusqu'à cinq heures du matin, il doit les faire passer dans deux parcs.

Nous avons cru remarquer que les grandes chaleurs semblent plus fatiguer les moutons que le froid et la pluie. Aussi nous avons fait une addition à notre parc : nous dressons au-dessus un carré de grosse toile, dont la largeur est calculée de manière à projeter assez d'ombre pour préserver notre troupeau de l'éclat des rayons du soleil, au moment où la chaleur est le plus intense. Les deux côtés de cette toile sont pourvus chacun d'un rang d'anneaux qui glissent sur deux cordes parallèles et traversent le parc dans la direction que suit le soleil ; ces cordes sont attachées chacune à deux pieux placés en dehors de l'enceinte.

A l'un des côtés du parc, un bout de la toile, partant du sommet des claies, présente à l'astre du jour un plan assez incliné pour empêcher les rayons solaires de passer sous cet abri ; l'autre extrémité de la toile est à une hauteur qui permet à un homme debout de circuler dessous et de toucher cette extrémité de la toile en étendant le bras, de sorte qu'il soit facile de faire avancer cette tente à mesure que le soleil ou plutôt la terre marche elle-même.

Nous évaluerons la toile, les piquets, les cordes et les anneaux à la somme de 50 fr., ci. . .   50 fr.

Par ce moyen, on procure un peu d'ombre aux moutons, que l'ardeur du soleil tourmente extrêmement.

Cette précaution prise, le troupeau prospère beaucoup mieux en plein air qu'enfermé dans une étable.

CHAPITRE XI.

―

Des Cochons et de leur produit.

De tous les animaux domestiques, le porc est le plus fécond, le plus facile à nourrir, car presque toutes les substances animales ou végétales sont pour lui des aliments. Il est donc assez difficile d'expliquer comment jusqu'ici on s'est si peu occupé de l'élève en grand d'un animal si précieux, qui est susceptible d'enrichir le pauvre et d'accroître rapidement, d'une manière incroyable, la fortune du riche.

On lit dans la *Maison Rustique du XIX⁰ siècle*, page 490, second volume :

« Un des plus grands hommes du siècle de Louis XIV, l'illustre maréchal Vauban, retiré des affaires, rédigea plusieurs mémoires sur des objets d'utilité publique; l'un d'entre eux fut consacré à

des calculs sur la fécondité du porc. Voici un extrait de ce mémoire, dont le manuscrit existe encore :

	Femelles.	Ventrées.
« On suppose, dit Vauban, qu'une truie, la seconde année de son âge, porte une ventrée de 6 cochons mâles et femelles, dont nous ne compterons que les femelles, attendu que, pour parvenir à la connaissance que nous cherchons, nous n'avons pas besoin de nous occuper des mâles, et partant.........	5	1
» La troisième année, que nous compterons pour la deuxième génération, la mère truie porte................	»	2
» Les trois filles de la première génération, chacune une, font ensemble...	»	5
» Qui, à chacune trois femelles, font, pour le total de la deuxième génération.	15	»
» La quatrième année, qui est la troisième génération, la mère truie, devenue grand'mère, porte deux fois, faisant deux ventrées..................	»	2
» Les trois filles de la première génération portent deux fois chacune, et font six ventrées................	»	6
» Les quinze filles de la deuxième génération portent chacune une fois, ce qui fait quinze ventrées............	»	15
» Qui, à chacune trois femelles, font,		

	Femelles.	Ventrées.
pour le total de la troisième génération. »	69	15

Continuant ce calcul, Vauban admet que la septième année la mère truie ne porte plus ;

La huitième année, il cesse d'admettre à la production les trois premières filles de la mère ;

La neuvième année, il retranche les quinze premières petites-filles ;

La dixième année, il retranche encore du nombre des portières les 69 arrière-petites-filles, résultant de la troisième génération ;

La onzième année, qui est la dixième génération, les 521 trisaïeules ne se comptent plus. Il n'en résulte pas moins une production de................

une production de................	»	1,072,473
Qui, à chacune trois femelles, font, pour le total de la dixième génération..	3,217,419	»

NOTA. 1° On n'a point compté les mâles dans ce calcul, bien qu'on en suppose autant que de femelles dans chaque ventrée ;

2° Toutes les ventrées ne sont également estimées dans le calcul qu'à six cochons chacune, mâles et femelles compris, bien que, pour l'ordinaire, elles soient plus nombreuses ;

5° Quoique les mères, grand' mères, etc., soient plusieurs fois répétées, elles ne sont comptées qu'une seule fois chacune.

La production d'une seule truie, après dix générations, ce qui fait, comme nous l'avons dit plus haut, la onzième année de la bête, nous donnera donc en mâles et femelles...................... 6,454,858 cochons.

Otons-en pour les maladies, les accidents et la part des loups........... 454,858

Restera à faire état de........... 6,000,000

Qui est autant qu'il peut y en avoir en France.

Et si l'on estimait chaque animal seulement 30 fr., cela ferait une valeur de 180 millions créée par une seule bête en onze ans.

A l'époque où Vauban a fait ce mémoire, les races de porcs anglais, qui jouissent aujourd'hui d'une grande célébrité, n'étaient pas encore connues en France, puisqu'elles n'ont été introduites chez nous que sous le ministère de M. Decazes. Si Vauban eût connu ces races, il eût basé son calcul sur un nombre de plus de six petits par ventrée, et il eût trouvé une quantité beaucoup plus considérable encore d'animaux engendrés par une seule bête et ses filles.

Cela est si vrai que nous avons eu une truie anglaise qui, à chaque ventrée, nous donnait 13 petits, et comme elle mettait bas toujours deux fois par an, cela faisait 26 cochons produits chaque année par une seule portière. Si elle n'eût pas péri d'accident, elle aurait donc pu engendrer 273 porcs en onze ans. Comme nous vendions ces animaux de 12 à 15 fr. pièce, soit en moyenne 13 fr., notre truie, pendant l'espace de temps ci-dessus indiqué, aurait donc pu produire une valeur de 3,549 fr.

Il paraît qu'il existait autrefois, à Troie, une race de porcs beaucoup plus féconde encore que ne l'était la nôtre, car les auteurs anciens nous apprennent qu'Enée avait amené en Italie une truie qui, au sortir des vaisseaux, mit bas 30 petits dans le lieu même où ce guerrier bâtit la ville de Lavi-nium.

On voit dans la *Maison Rustique du XIXe siècle*, page 491, second volume :

« Vauban est loin d'avoir exagéré les avantages de la fécondité du cochon. Les Anglais, qui accordent beaucoup plus d'importance que nous à cet animal, citent, entre autres preuves du revenu que l'on peut en tirer, l'exemple fort remarquable d'une truie du comté de Leicester. Cette bête avait élevé 355 petits qu'elle avait mis bas en vingt portées, et qui donnèrent en argent un produit de 150 livres ster-ling, soit environ 3,700 fr. en monnaie de France, c'est-à-dire que chaque animal avait été vendu 10 fr. 42 c. »

Or, cette truie pouvait n'avoir que onze ans lors-qu'elle a eu fait ses 20 ventrées, qui ont pro-duit la somme que nous avons citée plus haut. Ne portant que seize semaines, dès sa seconde année,

il serait possible qu'elle eût mis bas deux fois par
an.

De sorte que le fermier qui aurait pu nourrir du
produit de ses terres 100 truies, comme celle dont
nous venons de parler, aurait pu, avec sa porcherie,
gagner en onze ans 370,000 fr.

Notre expérience nous a appris que, sur un domaine de 56 hectares, on peut facilement entretenir
100 truies mères et leurs suites; mais nous restrein-
drons ce nombre, qui nous procurerait une somme
de bénéfices à laquelle on ne croirait pas.

Nous pensons que l'élève du porc a jusqu'ici pris
peu de développement en France, parce que les
races de cochons indigènes sont très-coûteuses à
nourrir. Le seul extérieur de ces animaux aurait dû
suffire, il y a long-temps, pour engager les cultivateurs intelligents à renoncer à cette espèce. Ces animaux ont, en général, la tête longue et osseuse, de
grandes oreilles qui s'étendent le long de leur museau et cachent presque entièrement leurs yeux;
leurs hautes jambes grêles, leurs flancs aplatis et la
convexité très-prononcée de leur épine dorsale dé-
charnée dénotent peu de disposition à prendre de
l'embonpoint. Il faut beaucoup de nourriture aux
animaux de cette race pour les engraisser, et comme
ils ont aussi le grand défaut d'être fort difficiles sur
la qualité des aliments, il s'en suit que leur lard
revient très-cher à celui qui les nourrit; souvent,

lorsqu'ils ne sont encore qu'à demi-gras, ils perdent tout-à-coup l'appétit, et l'on a bien de la peine à les décider à manger du grain et du pain, nourriture très-dispendieuse. C'est un hasard, une bonne fortune pour une ménagère, d'avoir à l'engrais un cochon français qui mange bien.

Les porcs anglais des races de New-Leicester, de Hampsire et de Berschire, au contraire, consomment indifféremment, avec avidité, tous les aliments qu'on leur présente. Nous en avons eu qui, sur la fin de leur engraissement, allaient recueillir et manger, aux portes des voisins, des peaux de fruits, des pommes pourries et jusqu'à des tiges desséchées d'orties dont on avait enlevé les feuilles pour les faire consommer aux oisons.

Tous les animaux des races de porcs que nous venons de citer ont un appétit extraordinaire, et quelle que soit la nourriture qu'on leur présente, ils la mangent avec autant d'empressement le dernier jour de leur engraissement que le premier. Cette disposition est très-appréciée des cultivateurs, car il est facile de comprendre que la première qualité d'une bête à l'engrais est d'avoir de l'appétit.

Combien leur conformation est plus avantageuse que celle du cochon français! Ils ont le système osseux très-peu développé; leurs jambes sont courtes et charnues; leur cou devient énorme; leurs côtes sont relevées, arrondies, ce qui permet à ces animaux d'acquérir une si grande largeur que nous avons eu des sujets qui avaient 60 centimètres d'épaisseur, quoique nous les ayons toujours livrés un peu prématurément à la boucherie.

Comment fonder une spéculation avantageuse sur un animal comme le cochon français, qu'on ne parvient généralement à engraisser qu'avec des céréales, et qui exige pendant toute son existence les soins les plus minutieux? Nous croyons en vérité que ce quadrupède coûte plus à ceux qui l'élèvent qu'il ne leur rapporte, car voici de quelle manière on le nourrit dans la Vienne :

Matin et soir, on fait cuire dans un chaudron un mélange où il se trouve des herbages provenant du jardin, des feuilles de choux et surtout des pommes de terre ; on ajoute à ces légumes de la farine d'orge et du son, et l'on brasse bien le tout ensemble.

Lorsque c'est la maîtresse qui fait cuire la chaudronnée, elle ne brûle qu'un fagot et demi ; mais lorsque c'est une domestique, hors de la présence des maîtres, dans une maison bourgeoise, par exemple, cette pâtée coûte trois et quelquefois quatre fagots ; de sorte qu'on en consomme huit par jour pour la chaudronnée du matin et celle du soir. En n'évaluant la consommation qu'à six fagots par jour et ne les estimant que 15 centimes l'un, les six vaudront donc

90 centimes ; ce qui fera, pour toute l'année, une dépense
de combustible de.................. .... 524ᶠ

Et si vous évaluez seulement à 75 centimes la
nourriture contenue dans le chaudron, les deux
chaudronnées vous coûteront alors par jour 1 fr.
50 c. ; ce qui, pendant toute l'année, fera une valeur de.................................... 540

A quoi il faut ajouter les frais de la bergère ; à
75 centimes par jour, salaire et nourriture réunis,
cela fera..... 270

DÉPENSE TOTALE................. 1,154ᶠ

Ainsi, dans une ferme où l'on nourrit seulement
douze cochons français adultes, la dépense que ces
animaux occasionnent s'élève au moins à la dernière
somme que nous venons d'exprimer, et dès lors il
est facile de voir que le bénéfice du maître est très-
peu considérable, car il y a beaucoup de frais omis
ici, par exemple, les frais de logement et de litière,
qui sont assez importants.

Mais le plus grand inconvénient est que, dans une
ferme, le nombre des cochons que l'on doit avoir est
limité par la capacité de la chaudière où l'on fait
cuire la nourriture de ces animaux. Ainsi, il est très-
difficile au chef de l'exploitation de donner une
grande extension à l'élève des porcs lorsqu'il n'a chez
lui que la race française, à laquelle il faut nécessairement des aliments cuits.

Combien nous avons fait d'expériences infruc-

tueuses ; combien nous avons éprouvé de difficultés
pour briser les barrières que la routine, les préjugés,
le mauvais vouloir des gens qui nous entouraient et
la déplorable espèce de porcs que nous avions éle-
vaient contre nous ! Mais, à force de persévérance,
de sacrifices d'argent et d'essais, nous sommes enfin
parvenu au but que nous nous proposions, et qui
était d'élever *et d'engraisser des centaines de porcs,
sans faire cuire leur nourriture et sans faire consommer de céréales ni de pain aux cochons adultes.*

Des hommes qui avaient reçu du comice agricole
l'argent nécessaire pour faire venir de la Grande-
Bretagne des animaux reproducteurs des meilleures
races de porcs nous promirent, pendant cinq ans, des
sujets de ces espèces, propres à la génération, sans
vouloir réellement nous en vendre ; enfin, nous nous
en procurâmes par hasard.

Il y avait deux femelles et un mâle. Nous les nour-
rîmes d'abord de la même manière que les cochons
de notre pays, et peu à peu nous les habituâmes à
n'avoir pas d'autre nourriture que celle qu'ils re-
cueillaient eux-mêmes dans nos prairies artificielles.
Soir et matin, on les menait dans un trèfle. En rentrant, ils buvaient à la mare ; puis on les mettait au
toit, et l'on ne s'en occupait plus.

Ce régime semblait parfaitement leur convenir :
ils avaient le poil vif, la peau blanche et un peu
rose.

13

Lorsque nous pesâmes plusieurs individus d'un an qui étaient nourris de cette manière, nous fûmes surpris d'en trouver du poids de 115 à 125 kilogrammes.

Notre expérience nous a appris qu'un hectare de bon trèfle ou de bonne luzerne peut nourrir, pendant les six mois de la belle saison, plus de 25 porcs adultes.

Mais nous ne baserons nos calculs que sur ce nombre.

On lit dans Viborg, page 224, qu'il a nourri, pendant tout un été, 30 cochons sur deux acres de trèfle où il les avait enfermés. Il ajoute que ces bêtes ne suffirent pas pour consommer le fourrage que produisait cet espace, et qu'alors il en introduisit d'autres; mais il n'en cite pas le nombre.

L'acre de terre est une mesure agraire anglaise qui équivaut à 34 ares.

Ayant pris pour base de nos calculs un rendement de 250 hectolitres de topinambours par hectare, qui pèsent 17,000 kilogrammes (comme nous l'avons dit ci-dessus), en donnant à chaque cochon qu'on engraisse une ration de 20 à 25 kilogrammes de ces tubercules par jour, pendant trois mois, on pourra engraisser 7 cochons avec le produit d'un hectare.

Assurément, la consommation de chaque porc est bien moindre que la part que nous y faisons, et le produit du topinambour est aussi beaucoup plus considérable que celui sur lequel nos calculs sont basés ; différents auteurs le constatent. Nous citerons M. de Curzon, agriculteur remarquable de la Vienne, qui évalue en moyenne le rendement de cette plante à 325 hectolitres par hectare, équivalant à 22,100 kilogrammes, tandis que nous en fixons le rendement à 5,000 kilogrammes de moins.

Royer, professeur à l'Institut agronomique de Grignon, assure, comme nous l'avons déjà rapporté plus haut, qu'il est à sa connaissance qu'un de ses voisins récoltait ordinairement, par hectare, une quantité de topinambours presque triple de celle sur laquelle nous fondons nos calculs.

Enfin M. Thibault père, riche propriétaire et agriculteur très-distingué de Larochefoucault (Charente), où le topinambour est très-estimé et très-cultivé, nous a affirmé avoir engraissé dix bœufs avec les tubercules de la plante dont nous parlons, provenant d'un espace qu'il nous a montré et qui était moindre d'un hectare. Ceux qui nous accuseraient d'avoir exagéré seraient donc dans l'erreur.

Voici l'assolement que nous pensons qu'il serait utile d'adopter, si l'on voulait se livrer en grand à l'élève des cochons.

Les 56 hectares de notre domaine seraient employés de la manière suivante :

PREMIÈRE ANNÉE.

22 hectares en topinambours,
 1   —   en pommes de terre,
 2   —   en betteraves,
 1   —   en choux,
15   —   en froment de mars, ou en avoine, ou
                en orge d'été, avec trèfle et luzerne
                dedans,
15   —   en trèfle.

TOTAL.. 56 hectares.

SECONDE ANNÉE.

L'année suivante, on retournera le trèfle et l'on emploiera ce défrichement en y mettant 1 hectare en pommes de terre, 2 hectares en betteraves et 12 en topinambours.

On défera aussi 13 hectares des plus mauvais topinambours, et on les remplacera par 1 hectare de choux et 12 de froment de mars, avoine ou orge d'été, dans lesquels on mettra du trèfle.

Les 2 hectares de betteraves et l'hectare de pommes de terre seront ensemencés en froment d'automne, sur lequel on sèmera du trèfle au printemps, en se servant, pour le recouvrir, de la herse de fer.

Au commencement du printemps, on sèmera des topinambours dans l'hectare de choux. Par ce moyen, on donnera un binage à ces derniers qui leur sera très-favorable; ils n'incommoderont pas beaucoup les topinambours, attendu qu'on enlèvera les choux dans le courant de mai. Alors les topinambours profiteront d'une partie de la fumure qui aura été donnée aux choux.

On continuera de suivre cette rotation les années suivantes.

On nous objectera peut-être que, dans cet assolement, le trèfle revient trop souvent sur le même terrain; mais nous répondrons que, si l'on s'aperçoit que le sol se fatigue de produire cette légumineuse, on peut éloigner tant qu'on voudra le retour de cette plante en laissant le terrain occupé par des topinambours, de la luzerne ou du sainfoin, qui prospèrent long-temps sur le même lieu.

Le petit-lait est très-salutaire aux porcs de tout âge, et surtout à ceux qui sont jeunes. Aussi vous ne pourrez vous dispenser d'avoir des vaches, et, puisqu'il vous faut des bêtes d'ouvrage, au lieu de chevaux ou de bœufs, faites travailler des vaches. Il y a beaucoup de pays où l'on agit ainsi : dans le Bourbonnais et dans le Limousin, où les terres sont cependant très-argileuses, on fait labourer et charroyer les vaches, et l'on engraisse les bœufs.

Pour l'exploitation de 56 hectares, il faut huit

vaches qui, tout en labourant, si elles sont bien soignées, rapporteront en veaux et en fromages au
moins 200 fr. par tête, sans compter le petit-lait
qui est, comme nous venons de le dire, un objet de
première nécessité pour élever de jeunes porcs; les
huit vaches donneront donc . . . . . . 1,600 fr.

Un hectare de topinambours engraissant 7 cochons, 22 hectares en engraisseront 154.

Supposons que vous ayez 70 truies portières et
que vous ayez pris attention à les faire féconder à l'é-
poque convenable pour qu'elles mettent bas au commencement de mars; elles pourront donner l'existence à 490 petits cochons. Vous ferez consommer
à ces jeunes porcs un demi-hectolitre de seigle
germé par 10 animaux, c'est-à-dire, au total, environ 25 hectolitres, dont le prix indiqué par la statistique officielle est de 10 fr. 65 c. l'un, ce qui fera
une dépense totale de 266 fr. 25 c.; vos cochons
auront alors deux mois et demi et ils vaudront de
10 à 12 fr. pièce.

Admettons que vous en perdiez, depuis leur naissance, par maladie et accidents, environ le quart,
122 par exemple, il vous en resterait encore 368.

Il faudra, pendant l'automne, en vendre 229; ils auront
alors 8 mois et ils pourront valoir, en temps ordinaire, 25 fr.
pièce, ce qui fera. . . . . 5,725^f „^{c}
Vous en posséderez encore 159; vous aurez
                                                    _____
              A reporter. . . . .   5,725^f „^{c}

Report....... 5,725^f »^{c}

fait attention qu'il se trouve dans ce nombre
70 femelles que vous destinerez à la reproduction en place de vos 70 vieilles truies portières ; vous engraisserez ces dernières dans
les topinambours, et vous les vendrez en
moyenne 100 fr. pièce ; les 70 feront donc... 7,000 »

Vous engraisserez en même temps, aussi
dans les topinambours, vos 69 autres jeunes
cochons qui auront un an à la fin de l'engraissement et pourront peser 110 kilogrammes à
la raie ; vous les vendrez en moyenne 80 fr.
pièce, ce qui fera..................... 5,520 »

En septembre de la première année, vos
truies auront mis bas de nouveau ; elles auront
pu vous donner encore, la part de la mortalité
étant faite, 568 petits comme nous l'avons dit
plus haut. Ces jeunes animaux vaudront, au
bout de deux mois, environ 10 fr. pièce ; cependant, à cause de l'approche de l'hiver,
nous ne les supposerons vendus que 6 fr. Il
faudra vous débarrasser de la totalité si vous
pouvez, parce que l'hiver est peu favorable
pour élever de jeunes cochons ; vous en retire-
rez donc environ.................... 2,208 »

Toutes ces sommes font un total brut de.. 20,453^f »^{c}

Il vous restera encore 70 truies portières, 5 verrats et quelques sujets qui, ayant moins bonne apparence que leurs frères, n'auront pas été vendus.
Vous ne serez pas en peine pour les nourrir, car

vous vous rappelez qu'avec vos 22 hectares de topinambours vous pouviez engraisser 154 porcs, tandis
que vous n'en avez engraissé que 139 ; il vous reste
donc la pâture nécessaire pour engraisser 15 bêtes
adultes, ce qui peut bien en faire vivre passablement 30 ; vous aurez, en outre, les racines provenant de vos deux hectares de betteraves, que nous
avons dit peser, y compris les feuilles et les collets,
36,397 kilogrammes par hectare (voir à l'article
betterave), soit, pour 2 hectares, 72,794 kilogrammes, qui peuvent nourrir 43 femelles adultes
pendant quatre mois de la mauvaise saison, avec
une ration de 14 kilogrammes par tête.

Plus votre hectare de choux, dont on peut évaluer le produit, pour quatre mois, à 33,000 kilogrammes de fourrages verts ; en donnant une ration
de 15 kilogrammes de feuilles de choux à chaque
bête, on nourrira, pendant quatre mois, 18 portières,
et enfin votre hectare de pommes de terre dont les
tubercules peuvent peser 16,000 kilogrammes qui,
à 14 kilogrammes par jour, pendant quatre mois,
entretiendront 9 truies portières ; ce qui ferait un
total de 100 bêtes adultes. Ainsi l'on voit que toutes
ces subsistances sont suffisantes pour nourrir, non
seulement 70 truies portières et 5 verrats, mais encore pour alimenter en même temps 25 petits cochons de la dernière portée, dans le cas où l'on n'aurait pas pu les vendre au commencement de l'hiver.

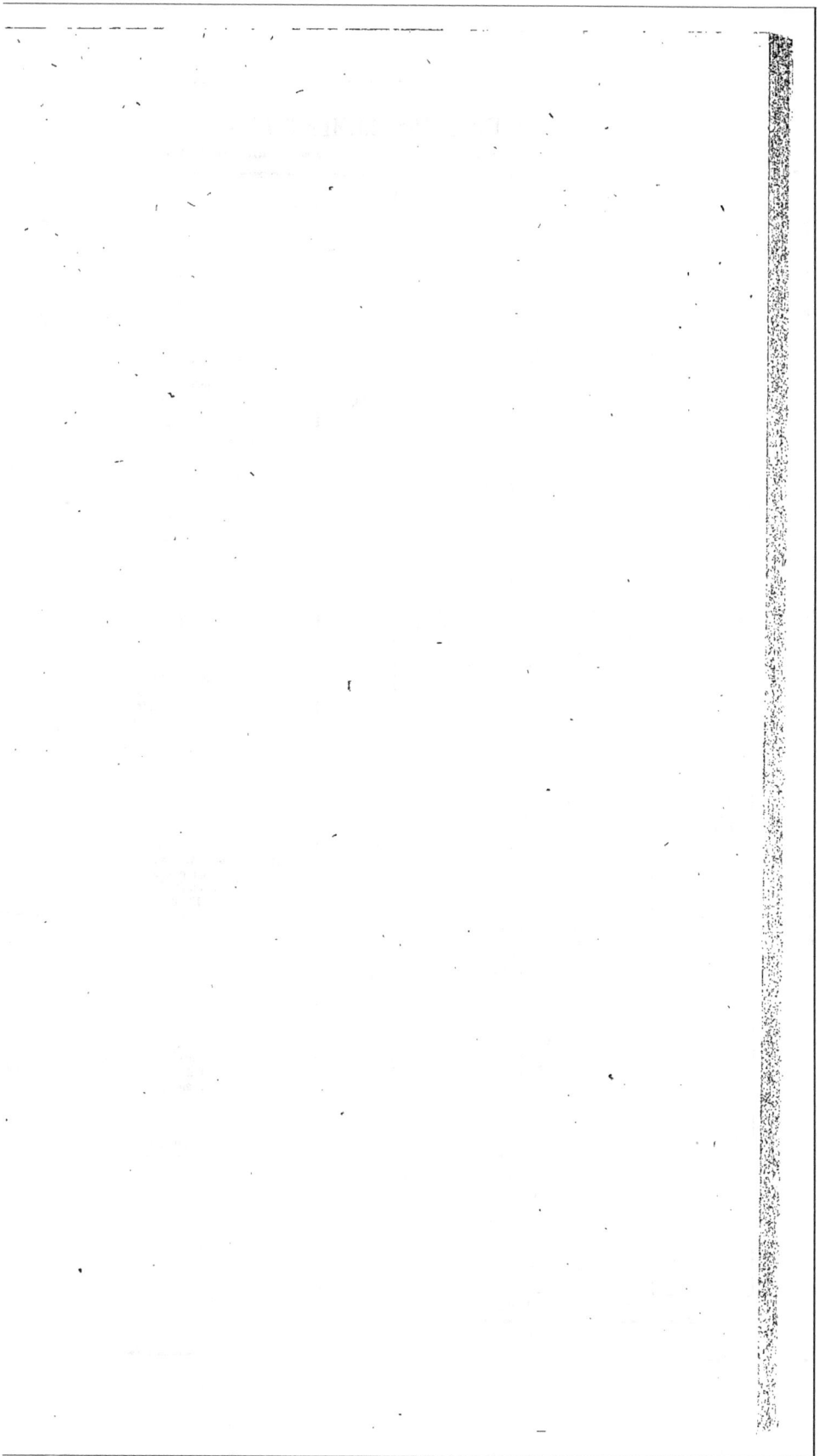

CINQUIÈME ASSOLEMENT D'OR

Ou Assolement pour élever et engraisser un grand nombre de Cochons.

NOMBRE d'hectares.	NOMS DES PLANTES qui occupent le sol.	MÉMOIRE pour aider à calculer les Recettes.	VALEURS créées ou Recettes.	DÉPENSES.	MÉMOIRE pour aider à calculer les Dépenses.
22	Topinambours.	229 Cochons de huit mois, sortant des trèfles, vendus 25 francs pièce pour.............. 5,725ᶠ » (Voir la page 182). Un hectare de topinambours engraissant 7 cochons, 22 hectares en engraisseront 154; mais nous n'en compterons que 159, la pâture pour engraisser les 15 autres étant réservée pour nourrir 50 portières, recevant une ration de 14 kilog. de topinambours par jour, les 70 vieilles truies grasses vendues 100 fr. l'une, ce qui fait....... 7,000 » Les 69 cochons gras d'un an, vendus 80 fr. pièce, pour...... 5,520 » 368 petits cochons, nés à la fin de l'été, vendus en automne 6 fr. pièce.................. 2,208 » (Voir à la page 185).	20,455ᶠ »	5,294ᶠ50	Un hectare de topinambours coûte ordinairement à ensemencer, à sarcler et à récolter, 168 fr. (voir page 142.) Mais comme nous ne compterons que la moitié des frais de la récolte à bras, estimée en totalité 40 fr., la dépense ne s'élèvera qu'à 148 fr. par hectare. Les 22 hectares coûteront donc 3,256ᶠ 70 hectolitres de seigle, consommés par les deux portées, à 10 fr. 65 c. l'un, prix indiqué par la statistique.............. 745 50 Pour la nourriture de quatre personnes employées au service de la porcherie, à 50 c. par tête par jour, pour un an.................. 720 » Gage du maître porcher....... 500 » Gage de trois aides, jeunes gens ou femmes, à 90 fr. par tête par an, fait................. 270 »
1 1 2	Pommes de terre Choux. Betteraves.	Cultures destinées à aider à nourrir, pendant l'hiver, 70 truies portières et les petits de la dernière portée qu'on n'aura pas pu vendre. Nous évaluerons à 1,800 fr. le prix de vente de ces derniers joint à la plus-value ou accroissement individuel des 5 verrats et des truies portières.......... 1,800 » (Voir à la page 184).	1,800 »	1,274 »	Un hectare de pommes de terre coûte...................... 292 » Un hectare de choux coûte.... 460 » Un hectare de betteraves coûte 261 fr., 2 hectares coûteront donc 522 »
15	Froment de mars ou orge d'été, ou avoine d'été, trèfle, sainfoin ou luzerne dedans.	Un hectare produit 19 hectolitres d'orge d'été; à 10 fr. l'un, font 190 fr. On a 108 kilogrammes 500 grammes de paille par chaque hectolitre; les 19 hectolitres de grain font donc présumer 2,061 kilogrammes 500 grammes de paille; à 12 fr. 50 c. les 500 kilogrammes, font 54 fr. 54 c. Total, 244 fr. 54 c. pour un hectare, et pour quinze hectares..................	5,625 10	5,257 50	Deux labours, à 13 fr. l'un, par hectare, font... 26 » Deux hectolitres d'orge d'été pour semence par hectare, à 8 fr. 25 c. l'un... 16 50 25 kilogrammes de graine de trèfle ou de luzerne, à 80 c. l'un... 20 » TOTAL pour un hectare. 62 50 Et pour 15 hectares......... 937 50 Pour moissonner, engranger, battre, nettoyer et mettre le grain bon à vendre, 36 fr. par hectare, et pour quinze.............. 540 » Fumure d'un hectare, 252 fr.; pour 15, cela fait........... 3,780 »
15	Trèfle.	La première coupe de 5 hectares sera seulement consommée sur pied par les truies portières, les verrats et les petits. On fauchera la première coupe des 10 restant pour le bétail d'ouvrage, dont 8 vaches susceptibles de produire en fromage................ 4,600 » La seconde pousse et les suivantes de 10 hectares seront mangées, pendant l'été, par tout le troupeau de porcs. On gardera 5 hectares de la seconde coupe à la graine, qui rapporteront environ 457 kilog. 500 grammes; à 80 c. l'un, fait.................. 550 » Sur la fin de l'été, quelques pièces du trèfle qui a été semé dans les 15 hectares de froment pourront être livrées au troupeau de porcs dont les petits commencent à être grands. Quoique nous croyons que le fumier produit par cette énorme quantité de cochons vaille mieux que la litière et les frais de logement des animaux, nous les regarderons comme étant de même valeur.	4,950 »	5,552 »	Il coûte 20 fr. pour récolter le fourrage d'un hectare, et pour dix, cela fait................. 200 » Comme nous avons déjà tenu compte de la mortalité des cochons, il ne nous reste plus qu'à faire figurer les autres pertes et dépenses imprévues, que nous évaluerons approximativement à.... 5,352 »
Total 56		TOTAL des recettes brutes ou valeurs créées.	27,826 10	13,375 »	TOTAL général des dépenses.

TOTAL des Recettes ou valeurs créées, quittes de tous frais......... 12,454 fr. 10 c.

Pour rendre un compte exact de cet assolement, nous allons le traduire sur un tableau où nous mettrons en regard les recettes et les dépenses.

(Voir le Tableau ci-contre).

De la manière d'entretenir un grand nombre de Cochons anglais pendant l'été.

Comme nous l'avons dit précédemment, nous faisions conduire, soir et matin, les premiers cochons anglais que nous avons eus dans un trèfle où ils paissaient en compagnie de nos juments poulinières et de nos autres bêtes chevalines; le même berger menait et gardait tout le troupeau. En rentrant, les cochons se désaltéraient à la mare comme les chevaux, et, lorsqu'il faisait chaud, il leur arrivait souvent de s'enfoncer dans l'eau, de telle sorte qu'il n'y avait plus que leurs yeux et le bout de leur museau qui apparaissaient à la surface du liquide.

Cette manière de faire était fort imprudente, parce que nos porcs étaient très-exposés à attraper des ruades; nous le savions bien, mais nous agissions ainsi pour économiser les frais d'un nouveau berger. Cependant, l'été s'écoula sans qu'il arrivât d'événement trop fâcheux; il n'y eut qu'une truie qui reçut un coup de pied et alla boiteuse pendant quelque temps.

Dès que le nombre de nos porcs fut assez considérable pour nous indemniser des frais d'un gardien,
nous cessâmes d'envoyer ces animaux pâturer avec
nos juments; nous continuâmes encore pendant quelque temps de faire conduire nos cochons, soir et
matin, dans un trèfle.

Lorsqu'il y avait des truies pleines et avancées
dans la gestation, elles marchaient fort lentement,
tandis que les jeunes cochons, très-alertes, prenaient
le devant; et, soit en allant, soit en revenant du pâturage, ils se détournaient de leur chemin, s'intro-
duisaient dans les récoltes des voisins et les rava-
geaient; alors la bergère se mettait à leur poursuite,
et, tandis qu'elle s'occupait à les arrêter, les truies
pleines, restées loin derrière, pénétraient à leur
tour dans les champs de pommes de terre ou dans
ceux de blé qui se trouvaient le long du chemin.
Pour s'épargner la peine de retourner sur ses pas,
la bergère envoyait chercher ses truies par ses chiens;
ceux-ci s'élançaient sur elles, les heurtaient, les mor-
daient et les ramenaient au galop en les assaillant;
aussi nos portières s'avortaient fort souvent : nous
perdions ainsi une ventrée de dix à douze petits.

Nous éprouvions en même temps une autre perte
très-considérable : c'était celle de plus des trois
quarts des engrais de nos cochons. Ces animaux ré-
pugnent à se coucher sur leurs ordures; ils diffèrent
en cela de tous les autres bestiaux. Nous remar-

quâmes, en effet, qu'ils ne répandaient des excréments sur leur litière que lorsqu'ils ne pouvaient pas
s'en dispenser ; qu'ils attendaient, pour uriner et
fienter, qu'on les fît sortir de leur toit ; aussi, le chemin qui conduisait de la porcherie à la pièce de
trèfle qui les nourrissait était, sans exagération, tellement garni de gros excréments qu'il était impossible de suivre cette route sans placer ses pieds ailleurs que sur des déjections. Nous ne pouvions voir
ce spectacle sans gémir du préjudice considérable
que nous éprouvions.

De cette manière, ces animaux consommaient
beaucoup de litière et nous faisaient peu de fumier ;
leur engrais était recueilli par les gens qui avaient
des propriétés le long du chemin que nos cochons
parcouraient pour aller à leur pacage.

Après avoir, pendant quelque temps, déploré
tous ces inconvénients, nous nous demandâmes
pourquoi nous ne parquerions pas nos cochons, du
moins pendant la belle saison, comme on parque
les moutons.

Nous adoptâmes un moyen terme, principalement
dans le but de cesser de perdre ainsi tout l'engrais
de notre troupeau de porcs. Nous résolûmes de
faire coucher la majeure partie de ces animaux dans
la pièce de trèfle même où ils se nourrissaient. A
cet effet, nous eûmes des claies de la même dimension que celles employées pour le parc des moutons,

et nous fîmes faire avec ces claies une enceinte carrée; puis, le long du côté opposé au soleil ou au
point de l'horizon d'où venait la pluie, lorsque le
temps était à l'eau, et le long des claies qui compo-
saient l'enceinte du côté du midi ou de l'orage, nous
faisions dresser une tente dans le genre de celles
sous lesquelles les marchands de vin reçoivent leurs
clients aux assemblées et aux foires champêtres; seulement cette tente, devant recevoir des hôtes d'une
taille moins haute que ceux des cabaretiers forains,
était peu élevée; d'ailleurs elle remplissait mieux le
but que nous nous proposions, étant plus rappro-
chée de la terre, qu'en étant éloignée, la pluie et le
soleil pénétraient moins facilement dessous.

Cette tente était faite avec une ou deux pièces de
toile, quelques cordes et des pieux plantés hors de
la clôture ou parc; elle servait à préserver nos porcs
des rayons du soleil qui les eussent incommodés pendant les grandes chaleurs de l'été; elle les mettait à
l'abri de la pluie, qui déplaît extrêmement aux
cochons des races dont nous avons parlé; enfin elle
défendait notre troupeau de la fraîcheur des nuits,
car la physique nous apprend que le moindre objet
interposé entre le ciel et un animal préserve ce dernier d'une grande déperdition de calorique.

Lorsque le berger voyait que les porcs étaient ras-
sasiés, il les faisait entrer dans l'enceinte, et ils allaient
se coucher sous la tente quand les rayons du soleil

étaient trop ardents ou s'il pleuvait. En temps frais, ils se mettaient plusieurs pour ainsi dire les uns sur les autres, et ils dormaient profondément jusqu'à ce que l'appétit leur fût revenu, ce qui avait lieu ordinairement vers trois à quatre heures de l'après-midi. Alors la plupart se levaient et faisaient entendre des cris d'impatience; le berger réveillait les plus paresseux en les appelant et en faisant claquer son fouet près de l'endroit où ils étaient couchés. Lorsque les porcs étaient tous debout, il les laissait, pendant un quart-d'heure, se promener dans l'enceinte; pendant ce temps, les cochons urinaient et fientaient, et notre terre s'imprégnait de toutes ces déjections fertilisantes, perdues auparavant. Quand les animaux s'étaient vidés, le berger détournait une des claies de la clôture et les porcs allaient paître le trèfle ; tandis qu'ils prenaient leur repas, le berger les surveillait, les comptait plusieurs fois afin qu'il ne s'en évadât pas quelques-uns.

Il eût peut-être été mieux de faire, avec le parc, la part de pâture que nous voulions que nos porcs consommassent le matin et le soir; cependant nous ne prîmes point ce soin : notre but principal était de recueillir tout l'engrais de nos porcs. Nous fûmes satisfait d'avoir réussi.

Pendant que les cochons sont au parc, le berger dresse une autre enceinte à côté de la première; il a aussi soin de former, contre la clôture principale, un autre petit parc dans lequel il fait entrer les plus jeunes sujets et ceux qui sont languissants; il jette à chacun de ces derniers, matin et soir, une ou deux poignées de seigle germé; puis, quand ils ont ramassé cette nourriture, il lève une des claies qui séparent la petite enceinte de la grande, et il fait entrer les petits cochons avec le reste du troupeau, afin qu'ils profitent aussi de l'abri de la tente.

Le berger saisit le moment où les cochons sont au parc pour aller à la maison chercher ses vivres; en retournant, il amène un tonneau d'eau qui est placé à demeure sur une petite charrette pour le service de la porcherie. Un des plus jeunes domestiques l'accompagne; ils remplissent d'eau les baquets qui se trouvent dans le parc; puis l'aide ramène le tonneau près de la mare et le remplit d'eau avec une de ces petites pompes que les ferblantiers vendent 10 fr.; de sorte que le porcher n'a, le lendemain, qu'à mettre le cheval à la charrette.

Nous conseillons de faire usage de seigle germé par deux motifs : le premier est que les chimistes prétendent que, dans cet état, le grain est deux ou trois fois plus nourrissant que lorsqu'il est tel qu'il a été récolté.

Le second a pour but d'empêcher le berger de détourner cette nourriture à son profit; ce qui pourrait avoir lieu, si on laissait cet homme emporter dans la maisonnette où il couche pour garder son troupeau, des sacs de grains propres à être livrés au commerce.

Dans une chambre fermant à clef, on a deux ou plusieurs grands baquets dans lesquels on met du seigle, et, avec un arrosoir, on répand de l'eau dessus, puis on le brasse bien afin que tous les grains soient imprégnés d'humidité. Le lendemain on mouille encore ce seigle, on le brasse de nouveau et on le laisse fermenter. Il ne tarde pas à germer; alors on le fait consommer.

Des Truies portières.

Une truie de sept à huit mois, qui mange à discrétion de la luzerne ou du trèfle verts, ne tarde pas à venir en rut. Lorsqu'elle a été saillie, on peut la laisser coucher, pendant les deux premiers mois de sa gestation, avec le reste du troupeau; mais, après cette époque, il est prudent de la ramener à la porcherie et de lui donner pour habitation un toit ayant, à 1 mètre 33 centimètres au-dessus du pavé, une fenêtre au nord et une au midi; la porte doit ouvrir dans une cour de 3 mètres 30 centimètres carrés, circonscrite de claies ou de pieux très-rapprochés. L'intérieur du toit doit être construit en pente pour donner aux matières liquides un écoulement en dehors; il faut qu'il soit planchéié ou dallé, parce que, dit Ol. ier de Serres, « le cochon, qui se plaît, du » rant ses promenades, à se vautrer dans les bour-

» biers, veut, au contraire, habiter un toit où il
» couche à sec sur la litière nette. »

Du côté opposé à la porte, on pratiquera, au bas
du mur, une ouverture dans laquelle on placera une
auge ou baquet; au-dessus de cette auge, à la partie
extérieure, on suspendra une porte dont les gonds se
trouveront, non sur le côté, mais à son sommet;
elle sera munie au bas, dans son milieu, d'une tarjette. Lorsqu'on voudra donner à boire ou à manger
à l'animal, on poussera cette porte jusqu'à ce que sa
partie inférieure ait rencontré le côté de l'auge qui
se trouve en dedans du toit; alors on enfoncera la
tarjette dans le trou pratiqué pour la recevoir dans
le bord intérieur de cette auge. La porte étant dans
cette position, l'ouverture de l'auge se trouve fer-
mée du côté du toit; conséquemment, le cochon ne
peut plus y mettre le nez, et le porcher pourra
tout à son aise la laver et y déposer les aliments
sans être assailli par la bête. Un trou placé au bas
de l'auge la rendra facile à nettoyer.

Lorsqu'on voudra que le cochon prenne son repas,
on retirera la tarjette; on ramènera la porte vers le
côté de l'auge qui se trouve d'alignement avec la surface extérieure du mur du toit, et l'on fixera la porte
en cet endroit en enfonçant la tarjette dans le trou fait
pour la recevoir au bord de l'auge. Cette dernière se
trouve alors à l'intérieur du toit, entièrement à découvert, et l'animal peut manger à son aise.

On laisse, pendant tout le jour, la porte du toit ouverte, afin que la truie puisse aller à loisir du toit dans sa cour et de la cour dans son toit. C'est dans cette cour qu'on lui jette le trèfle et la luzerne qu'on veut lui faire consommer. Viborg prétend qu'il faut de 8 à 10 kilogrammes par jour de fourrage vert à un cochon; mais nous ne croyons pas qu'une ration aussi considérable y soit nécessaire.

Nous n'avons jamais pesé le trèfle que nos cochons mangeaient. Nous avions un jeune homme de quinze à seize ans qui allait tous les matins faucher dans nos prairies artificielles, puis il remplissait de ce fourrage une petite charrette qu'il amenait à la porcherie avec un âne. En passant devant les toits des truies portières, il jetait dans chaque cour une pleine fourche de fourrage; le soir il en faisait autant, puis il mettait de l'eau claire dans les auges; il ajoutait un peu de son dans celles des bêtes qui étaient prêtes à mettre bas ou qui allaitaient des petits.

Nourries de cette façon, nos truies s'entretenaient bien, produisaient de jolies suites qu'elles nourrissaient parfaitement.

Nos verrats étaient logés et traités séparément de la même façon que nos truies portières.

De la manière d'entretenir un grand nombre de Cochons anglais pendant l'hiver.

Durant l'hiver, on donnera aux truies portières

et aux verrats 12 kilogrammes de topinambours par jour, et l'on pourra, en outre, jeter dans leurs cours quelques feuilles de choux ou quelques tranches de betteraves ou de rutabagas. Le sel n'étant pas cher maintenant, nous pensons que l'on ferait bien d'en répandre un peu sur leurs aliments ou dans leur boisson.

Les Anglais font consommer aux truies portières et aux cochons en bas âge des recoupes fermentées. A cet effet, ils mettent ces substances dans une cuve, de manière que ce vase en contienne les trois quarts de sa capacité; puis ils ajoutent de l'eau et ils brassent de temps en temps ce mélange, qui entre au bout de quelques jours en fermentation; alors ils le font manger. Ils prétendent qu'un litre de recoupes ainsi préparées nourrit mieux que 4 litres qui ne le sont pas. On pourrait avoir deux cuves, l'une où l'on mettrait à fermenter la nourriture, tandis que l'on ferait consommer les aliments qui seraient dans l'autre. Dans les fermes anglaises, ce sont des citernes peu profondes que l'on emploie pour cet usage, au lieu de cuves. Cette manière de nourrir les porcs n'est pas très-coûteuse.

On pourra mettre ensemble, dans un ou plusieurs toits, les verrats les moins farouches. Quant aux truies portières, il est nécessaire de les mettre chacune dans son toit après les deux premiers mois de la gestation, afin d'éviter qu'en se couchant les unes sur les autres, elles n'étouffent leurs petits avant qu'ils aient été mis au jour ou qu'une compagne ne les mange au moment de leur naissance.

Pour loger le reste de votre troupeau de porcs, vous pourrez faire construire une galerie qui aura besoin d'être peu élevée ; il faudra néanmoins qu'un homme debout puisse circuler dessous pour distribuer la litière et enlever le fumier. On pourra recouvrir cette galerie de paille ; il faudra la faire construire dans un lieu assez vaste pour qu'on puisse former tout autour une cour assez spacieuse, au moyen d'une palissade. On donnera à cette galerie la dimension nécessaire pour qu'elle abrite facilement tout le troupeau.

Du côté du nord, du nord-est et du nord-ouest, vous tapisserez ce hangar avec des branchages recouverts d'une couche de genêts, de brande ou de paille, afin de mettre vos animaux à l'abri des vents froids. Du côté du midi, au contraire, vous laisserez une quantité d'ouvertures proportionnées au nombre de vos porcs, afin qu'ils puissent entrer sous la galerie et en sortir sans encombre. Vous mettrez sous la galerie un tas de paille ou de feuilles sèches ; puis vous ferez attacher par le maréchal un clou sur le nez des plus petits animaux et deux sur celui des plus gros ; cela les empêchera de fouger, de creuser la cour qui entoure la galerie. Sans cette précaution, elle deviendrait un cloaque difficile à traverser.

Ces dispositions étant prises, matin et soir, pendant l'hiver, le porcher, conduisant un cheval attelé à un tombereau plein de topinambours, fera le tour de l'enceinte et jettera dedans, à l'aide d'une pelle, les tubercules, de manière à ce qu'ils se trouvent très-épars sur le sol. Il est essentiel de ne pas mettre trop de nourriture au même endroit, parce que les animaux les plus forts empêcheraient les plus faibles de prendre leur part.

Si vous avez des futaies sous lesquelles vous puissiez faire ramasser de la feuille; s'il vous est possible de vous procurer des genêts, de la brande noire ou des rameaux de buis; enfin, si vous ne pouvez avoir rien de mieux, envoyez chercher du sable de grandes routes, et veillez à ce qu'il y ait toujours dans cette cour une couche fort épaisse de litière. Par ce moyen, vous ferez considérablement de bon fumier, car nous avons éprouvé que, lorsqu'on sait recueillir l'engrais du porc, il produit d'excellents effets. Nous faisons surtout grand cas de l'urine de ces animaux, et nous devons avouer que la majeure partie de cette précieuse matière se perdra dans la cour dont nous venons de parler, si l'on n'a pas soin de recouvrir souvent la surface de cette dernière de débris de carrières ou de sable de route, même lorsqu'on emploierait pour litière de la paille, des genêts ou des feuilles.

Nous n'avons pas besoin de recommander de

mettre, dans la clôture où se trouvera la galerie, des baquets contenant de l'eau, afin que les cochons viennent s'y désaltérer, ni d'entrer dans un grand nombre d'autres minutieux détails que les cultivateurs les moins expérimentés connaissent.

On comprend également que les porcs que l'on voudra engraisser devront être séparés du reste du troupeau et logés à part sous une galerie destinée pour eux seuls. Quoique nous ayons dit que l'on pouvait mettre ensemble les cochons de différents âges, nous pensons qu'il serait beaucoup mieux de les diviser en différents lots, de manière qu'il n'y eût dans la même cour que des sujets de la même force, et que les individus languissants fussent également à part. Enfin, il faut aussi une infirmerie. Mais, pour faire, en agriculture, les choses comme il convient, cela entraîne dans de grandes dépenses. C'est pourquoi nous indiquons les manières les plus économiques de procéder, bien que nous connaissions des façons d'opérer qui satisferaient plus les yeux.

Car nous avons visité un grand nombre d'établissements célèbres, et entre autres la principale ferme d'un homme qni a 400,000 fr. de rente et qui prend plaisir à dépenser tout son revenu en expériences agricoles. Nous sommes prêt à donner à ceux qui le voudront les plans d'après lesquels cet homme éminent a fait construire ses différentes étables; mais nous n'entrerons pas ici dans ces détails.

Seconde manière d'entretenir un grand nombre de Cochons anglais pendant l'hiver, et moyen de recueillir tout leur engrais.

Nous allons indiquer un moyen que nous avons mis en usage et qui nous a réussi :

Nous fîmes construire des toits ou cabanes mobiles de la plus grande légèreté possible et en quantité suffisante pour loger tous les porcs que nous voulions parquer sur nos topinambours. Voici la description d'un de ces toits :

Sa partie inférieure est un traîneau ayant 1 mètre 33 centimètres de large et 2 mètres de long ; le dessus de ce traîneau est planchéié ; les deux brins de bois formant les côtés les plus longs ont la partie qui porte sur la terre un peu large, afin de pénétrer moins dans le sol et de glisser dessus plus facilement.

Sur ces deux principaux brins s'élèvent deux cloisons en volige, haute l'une de 1 mètre 11 centimètres, et l'autre de 1 mètre seulement ; chacune de ces cloisons est clouée sur un cadre qui se trouve placé sur le même brin de bois. Mais, à l'intérieur du toit, ces cadres sont traversés dans leur longueur de deux morceaux de perche bien droits et gros comme le bras, placés à la hauteur convenable pour que les porcs, petits et grands, qui ont de fréquentes démangeaisons à la peau, se frottent plutôt contre ces traverses que contre les cloisons.

Dans le côté le plus élevé et à une des extrémités est placée une porte large de 66 centimètres et haute de 1 mètre ; elle est arrangée de manière qu'au moindre choc son loquet joue, et qu'il suffise de la pousser légèrement pour qu'elle aille se fermer.

La toiture de cette cabane, toute d'une pièce, est formée d'une ou de deux feuilles de zinc attachées sur un cadre en bois; sa pente est dirigée du côté opposé à l'entrée de la cabane. Cette toiture se lève, tourne sur un axe placé du côté opposé à l'égout, et on peut l'abattre le long de la cloison la plus haute; de sorte qu'alors la cabane se trouve ouverte par le haut, ce qui permet de la nettoyer facilement et de mettre dedans de la litière, si on le juge à propos.

Une troisième cloison ferme le bout de la cabane le plus éloigné de la porte.

A deux des coins de ce toit, il y a deux chaînes de 20 centimètres de long, munies chacune d'un anneau; aux deux autres coins de l'autre bout, il y a deux crochets. Ces quatre objets en fer sont attachés aux extrémités des deux principaux brins de bois du traîneau. Comme on met les toits les uns à la suite des autres, on accroche les anneaux des chaînes de l'un dans les crochets de l'autre; de sorte qu'un certain nombre de ces cabanes se tiennent et que la totalité est rangée sur plusieurs lignes comme les baraques d'un camp.

On les place les unes à la suite des autres, de manière que la cloison qu'elles ont chacune à un bout serve à fermer l'extrémité ouverte de la cabane qui suit. Le bois doit être parfaitement coupé à angle droit, afin que les bouts des deux cabanes coïncident ensemble le mieux possible.

On entoure ces cabanes d'une ceinture de claies. On commence par les mettre dans un espace dont les topinambours ont été arrachés, et, chaque jour, on se sert du cheval qui amène l'eau nécessaire aux cochons pour tirer les cabanes un peu en avant, afin de les changer de place. Plusieurs étant atta-chées les unes aux autres, comme nous venons de l'expliquer, le cheval en traîne un certain nombre à la fois, et cette opération s'effectue assez prompte-ment.

On remue les cabanes et on change les enceintes qui les entourent pendant que les porcs sont dans les topinambours, de même que l'on profite du temps où ils sont dans leurs cabanes pour changer de place le parc dont on se sert pour faire la part des tu-bercules qu'on veut leur abandonner pour chaque repas.

Les cochons ont l'odorat très-fin; on sait que c'est au moyen de ces animaux qu'on cherche les truffes. Ils sentent et découvrent de la même manière les topinambours. Ils ne laisseront pas un tubercule dans le champ, si on leur donne le temps de faire leurs perquisitions, et vous aurez beaucoup plus d'avantage à avoir ces ouvriers à quatre pattes que de vous servir d'une bande de vingt journaliers, parce que ces derniers ont l'idée fixe de gagner leur salaire en mangeant bien et en travaillant peu. Aussi ont-ils souvent la tête en l'air ; ils voient parfaitement tout ce qui se passe autour d'eux : l'ennemi ne les surprendra point. S'il survient la moindre rosée, ils se hâtent d'abandonner leur chantier pour se réfugier sous des arbres, sous des haies ; ils vont aussi vite dans ces retraites qu'ils en reviennent lentement.

Sitôt que vous n'êtes plus avec eux, les travaux sont suspendus. Il se trouve toujours dans la bande quelque fainéant qui amuse de ses contes tous les autres, de sorte que la récolte de vos topinambours finit par vous coûter très-cher.

Tandis qu'au contraire, en faisant, soir et matin, avec le parc, la part de tubercules que vous voulez faire consommer dans chaque repas à vos cochons, ces animaux travaillent avec une ardeur extraordinaire à extraire de la terre une nourriture dont ils sont très-avides ; leur appétit est un stimulant qui les rend extrêmement actifs ; ils sont si occupés, qu'ils ne cherchent pas du tout à sortir de l'enceinte où ils se trouvent enfermés. C'est un spectacle réellement fort amusant que de voir dans la même clôture cinq

cents porcs travailler avec tant d'ardeur et engraisser à vue d'œil.

Vos ouvriers à quatre pattes agiront tout aussi
bien en votre absence qu'en votre présence, parce
que leur estomac leur fait un devoir d'être labo-
rieux. Mais il n'en est pas ainsi de vos domestiques
et de vos journaliers : ils ont, eux, plus de dispositions à se livrer à la paresse qu'au travail.

Puisque vous pourrez vous débarrasser avantageusement d'une bande de vingt ouvriers, qui vous
seraient nécessaires pour arracher vos topinambours,
vous agirez sagement d'adopter un système qui vous
dispensera d'avoir besoin de tous ces gens-là. Il faut
avoir, en tout temps, le moins possible d'étrangers à la
maison; autrement, vous ne récolterez que des soucis.

Voyons quels sont les avantages de ce système.

Le premier est qu'on ne perdra pas une goutte
d'urine, ni la plus petite parcelle de la fiente du
troupeau. En effet, l'heure de faire prendre le repas
aux porcs étant arrivée, le porcher pénètre dans
l'enceinte où se trouve les cabanes ; il suit leurs rangs
qui sont à 1 mètre 66 centimètres de distance les
uns des autres, et il ouvre chaque porte en appelant
les cochons; ceux-ci s'empressent, à sa voix, de sortir de leurs retraites. Il les laisse se promener dans
la clôture pendant dix à quinze minutes ; durant ce
temps, ils se vident dans les allées, qui sont en un
instant presque couvertes de liquide et de fiente. Il

est vrai que la portion du terrain qui se trouve recouverte par chaque cabane recueille moins d'engrais que l'autre partie du champ ; mais, l'année suivante, elle aura son tour, parce qu'on fera attention à ne pas placer les cabanes au même endroit où elle l'auront été l'année précédente. La grosseur des tiges des topinambours suffira pour faire distinguer au berger le terrain fumé de celui qui ne l'aura pas été.

En définitive, ce sera votre terrain qui recevra tout l'engrais de vos porcs, et si nous estimons cet engrais 12 fr. par tête, pour l'année, en comprenant dans ce prix la valeur très-grande de l'urine de l'animal, qui, ordinairement, est perdue et que nous recueillerons, cela fera 5 fr. pour trois mois ; 500 bêtes en feront donc, pendant cet espace de temps, pour.......... 1,500f »c

Si l'hiver n'est pas très-rigoureux, vous pourrez vous dispenser de donner de la litière à vos porcs, parce qu'ils seront sur un plancher passé au bouvet, que les cloisons seront jointes au moyen du même instrument, ce qui défendra les animaux du froid, et qu'enfin la toiture de zinc, interceptant parfaitement l'air, ne permettra pas au rayonnement d'enlever beaucoup de calorique aux porcs qui seront dans l'intérieur des cabanes. D'ailleurs, ils se réchauffent mutuellement en se couchant en quelque sorte les uns sur les autres. Si ces animaux étaient logés sous la tuile et sur le pavé, comme c'est l'habitude, il faudrait, chaque jour, 1 kilo-

A reporter..... 1,500 »c

Report .... 1,500 » c.

gramme 1/2 de paille pour litière pour chaque
animal, ce qui ferait, pour 500 bêtes, 750 kilogrammes par jour; la consommation serait
donc, pendant trois mois, de 67,500 kilogrammes; à 25 fr., fait................... 1,687 50

Si l'on nourrit les cochons en leur apportant
leurs vivres dans un lieu où on les tient renfermés, quand il ne faudrait que dix ouvriers,
pendant trois mois, pour faire le service de la
porcherie, arracher les topinambours nécessaires à l'engraissement de 246 cochons, entretenir des portières et autres animaux, dont
le nombre pourra s'élever à 200; en tout, 446
porcs à nourrir par jour; à 1 fr. 25 pour chaque
ouvrier, cela fait, pour trois mois............ 1,125 »

A quoi il faut ajouter les frais d'un charretier, la nourriture de deux chevaux et l'usure
d'un tombereau employé chaque jour à transporter les tubercules du champ à la porcherie,
frais qu'on peut évaluer environ à 6 fr. par
jour; pour trois mois, fait............... 540 »

Total des recettes réalisées et des frais éco-
nomisés par nos cabanes................... 4,852 50

Dans la Vienne, une cabane, telle que nous
l'avons décrite, coûte, faite et fournie, prête à
recevoir les porcs, environ 27 fr.

Or, 88 cabanes qui pourraient loger 400
porcs de différentes tailles, coûte-
raient donc................... 2,576 }
                                            } 2,496 »
Plus 120 fr. pour la loge où cou-
cherait le gardien de nuit, ci...... 120 }

En retranchant ces deux dernières sommes
de celle des recettes, il suit que les frais de
construction de nos cabanes se trouvent payés
dès la première année par les économies dont
nous venons de parler, et que nous avons encore de boni............................. 2,556 50

Ainsi, vous aurez beaucoup plus d'avantage à
faire construire des cabanes de la manière que nous
indiquons, pour loger vos cochons sur vos terres
labourables, près de vos topinambours, que d'a-
voir des journaliers pour faire arracher vos tubercules, puisque, au moyen de vos cabanes :

1° Vous recueillez toute l'urine de vos porcs que
vous perdriez sans cela ;

2° Que vous économisez pour une somme considérable de paille pour litière ;

3° Qu'enfin, vous épargnez les frais que feraient
10 ouvriers, un charretier et ses chevaux.

Nous avons quelquefois donné à forfait des topinambours à arracher et à emmagasiner, et, par ce
moyen, nous économisions près des deux tiers de la
main-d'œuvre. Un ouvrier alors faisait autant d'ouvrage que trois de nos journaliers. Les prix que nous
avons donnés à forfait sont ceux que nous avons
adoptés pour base dans nos états de frais ; mais nous
devons avouer ici que, si nous économisions d'un
côté, nous perdions de l'autre, parce que les ouvriers qui travaillaient à forfait laissaient une grande
quantité de tubercules dans la terre.

CHAPITRE XII.

DU SORGHO FRANKLIN

OU

SORGHO A BALAI *(holcus sorghum).*

On lit dans le numéro du 7 août 1855 du *Moniteur universel* : « Le Sorgho est un végétal à hautes tiges très-sucrées; son grain, fort abondant, est alimentaire pour l'homme et pour les animaux ; il rend de grands services à l'agriculture américaine. Voici comment cette excellente plante a été introduite aux Etats-Unis :

« Le célèbre Franklin rendait une visite à une dame de Philadelphie : celle-ci était occupée; en attendant dans l'antichambre, Franklin fit presque involontairement une sorte d'inventaire : il remarqua surtout un petit panier ouvert et vide portant cette indication : *graines diverses.* Il renversa le panier et le secoua sur la table ; il en tomba une seule graine; comme elle était entièrement nouvelle pour lui, il remit sa visite, rentra chez lui emportant la graine inconnue, et la sema dans son jardin. Ce fut ainsi que Franklin dota l'Amérique du Sorgho, qui n'existait pas encore dans le Nouveau-Monde, où il a rendu de si grands services depuis. »

L'honorable M. Pochon, qui était président du tribunal civil de première instance de Louhans (Saône-et-Loire) et président de la Société d'agriculture de la même ville, prétendait que c'était la variété de sorgho introduite en Amérique par Franklin qui était cultivée dans l'arrondissement de Louhans ; aussi ne l'appelait-il jamais que le sorgho Franklin. Cette espèce nous a paru être la même que l'*holcus sorghum* à Louhans. Le nom sous lequel elle est le plus connue est celui de balai ; elle a une tige forte, raide, analogue à celle du maïs, mais moins grosse et plus allongée, car elle s'élève à la hauteur de 2 à 3 mètres ; ses feuilles, qui ressemblent à celles du millet, en diffèrent en ce qu'elles sont plus larges et plus longues.

La tige d'une des variétés de la graminée dont nous nous occupons *(l'holcus saccharatus)* contient une quantité considérable de sucre ; il s'en trouve aussi dans la tige du sorgho Franklin, mais ce n'est pas à ce sujet que nous voulons recommander ce végétal.

De nombreuses expériences, dont les résultats extrêmement avantageux sont incontestables, nous ont appris que cette plante est destinée à enrichir rapidement les cultivateurs intelligents qui sauront s'en servir, car c'est un des végétaux les plus précieux dont le divin Créateur nous ait dotés.

Cette plante annuelle doit être considérée comme fourragère, attendu que sa tige verte est un bon aliment pour les bestiaux ; cependant, il faut la faire consommer avec précaution, parce qu'elle pourrait météoriser les ruminans.

Sa graine a la propriété d'engraisser très-rapidement les animaux. Les grands avantages qu'elle offre, sous ce rapport, sont encore généralement ignorés; c'est pourquoi, en les proclamant, nous croyons rendre un immense service à la classe agricole.

Climat et sol.

Le sorgho Franklin réussit sous les climats et sur les sols qui conviennent à la vigne, au maïs et à l'orge d'été; il vient bien dans des terres franches plutôt chaudes que froides, dans des sols sableux de bonne qualité; les terrains argileux lui sont moins favorables. Il prospère bien à Louhans, où la température, pendant les étés, s'élève rarement à 22 degrés Réaumur.

Culture du Sorgho.

Dès les premiers jours de mars, par un beau temps, vous donnez un bon labour au champ dans lequel vous voulez mettre du sorgho; il faut que la terre soit de bonne qualité.

Vers la mi-avril, vous donnez un second labour; puis vous fumez comme pour le froment, et vous semez immédiatement. On ne doit pas confier la graine au sol de trop bonne heure, parce que ce végétal craint les gelées tardives du printemps.

Le premier labour doit être profond; le second doit l'être moins, attendu que la graine de la plante dont nous parlons ne veut pas être très-recouverte;

une couche de 6 à 7 centimètres y suffit ; on doit la mettre à la profondeur du chanvre ; on la recouvre à la charrue, à la herse ou avec un râteau.

Il faut environ 1 hectolitre de graines pour ensemencer 1 hectare. Avec cette quantité, les plants se trouvent trop rapprochés ; mais il vaut mieux qu'ils naissent trop épais que trop clairs, parce que, dans le premier cas, il est facile, en effectuant les binages, de faire trouver convenablement ces végétaux à la distance de 15 centimètres les uns des autres. On donne un second binage pendant le cours de l'été ; en un mot, on cultive cette plante absolument comme le maïs.

On accuse le sorgho d'épuiser la terre ; cependant M. le docteur Caucal, maire de Louhans, qui fait depuis long-temps cultiver cette plante, affirme qu'elle altère moins le sol que la carotte à collet vert, parce qu'il a fait l'expérience suivante : il avait alterné, dans une pièce de terre, des rangées de sorgho avec des rangées de carottes, et, l'année suivante, il remarqua que le froment qu'il avait fait semer en remplacement de ces deux plantes, se trouvait plus vert dans les espaces qui avaient produit le sorgho que dans ceux qui avaient rapporté des carottes.

Toutefois, nous pensons qu'il serait bien de faire succéder au sorgho un trèfle, de l'esparcette ou de la luzerne, quoique, dans l'arrondissement de Lou-

15

hans, on le fasse suivre d'un froment; on le fume un peu plus qu'à l'ordinaire, et, en général, ce blé n'est pas inférieur aux autres.

Récolte.

La récolte se fait vers la fin de septembre. On reconnaît que la graine est mûre, lorsqu'elle est dure et qu'en la coupant avec les ongles, on aperçoit une farine très-blanche. Alors les tiges sont jaunes; elles ont, en quelques endroits, une teinte rouge-brun; la graine est plate et de couleur bai-brun; elle a un peu d'analogie avec celle du lin.

Le sorgho se termine par une espèce de panache rougeâtre, composé d'un épais faisceau de panicules auxquelles est attachée une grande quantité de graines.

Lorsque la plante est arrivée à cette période de son existence, le champ qui en est couvert captive tellement l'attention des voyageurs que beaucoup se détournent de leur chemin pour aller la visiter. Les premières gelées ne sont pas nuisibles à la graine; on peut donc, sans rien craindre, en laisser passer quelques-unes avant de rentrer le sorgho. Pour faire cette récolte, on coupe la tige de la plante au premier nœud de son extrémité supérieure; on forme, de toutes ces têtes, des gerbes qu'on suspend sous des hangars ou qu'on dresse contre un mur, de manière à ce qu'elles se trouvent à l'abri de la pluie et qu'elles ne soient pas accessibles aux volailles ; on laisse ainsi sécher la graine pendant plusieurs jours. Pour détacher cette dernière, on place un tablier de cuir sur son genou ; puis, avec la main droite, on passe les panicules auxquelles cette graine est attachée entre le tablier et la lame d'un couteau qu'on tient de la main gauche et qu'on appuie sur cet épis. C'est un ouvrage qu'on fait pendant l'hiver, à la veillée. Chaque soir, un ouvrier peut en égrainer ainsi 2 doubles décalitres.

Le sorgho s'échauffe moins que le sarrasin ; cependant, il faut le brasser souvent pendant les premières semaines qui s'écoulent après qu'on l'a déposé dans le grenier.

Rendement du Sorgho Franklin.

Le sorgho Franklin rend environ 550 doubles décalitres de graine par hectare ; en outre, le sommet des tiges fournit à peu près 1,180 balais. Enfin, la partie inférieure de son tronc est utilisée soit comme combustible, soit pour faire des palissades ou pour couvrir des hangars, etc.

RECETTES.

550 doubles décalitres de graines, à 2 francs l'un (1) font............................. 1,100^f »^{c}

A reporter..... 1,100^f »^{c}

_____

(1) Nous ne comptons ici le double décalitre de graine de sorgho que 2 fr., bien que nous l'ayons vu souvent vendre 30 et 40 fr.

Report........ 1,100^f »^c

1,180 balais, à 50 centimes l'un, font..... 590 »

Partie inférieure des tiges pour combustible ;
mémoire.................................... » »

TOTAL des recettes.......... 1,690 »

COMPTE DE CULTURE D'UN HECTARE DE SORGHO, OU DÉPENSES.

Loyer d'un hectare............	48	»
Impôts.....................	4	»
Fumure....................	252	»
Deux labours à la charrue......	26	»
Un hectolitre de graine.........	10	»
45 journées pour donner les deux binages, à 90 c. l'une, parce que des femmes peuvent faire ce travail, cela fait.........................	40	50
6 journées pour récolter le sorgho.	12	»
5 charrois pour le rendre dans la grange, à 1 fr. 20 c. l'un........	5	60
275 veillées, à 15 c. l'une, pour détacher la graine des tiges.......	41	25
Plus, 10 centimes pour fourniture du manche à balai, de l'osier nécessaire afin de lier cet instrument et de le mettre prêt à servir ; pour 1,180 balais, fait...............	118	»

TOTAL général des frais pour ensemencer et récolter un hectare de
sorgho........................ 555 55   555 55

EXCÉDANT des recettes.............. 1,154^f 65^c

Somme qui dépasse la valeur moyenne d'un hectare de terre dans beaucoup de départements, et
notamment en Bretagne et en Sologne, où le prix de
cette étendue de terre varie de 100 fr. à 600 fr. Si
l'on y introduisait de la chaux, le sorgho y réussirait
ensuite parfaitement.

L'hectare, dans plusieurs cantons de la Vienne,
ne coûte que 400 fr. ; dans l'arrondissement de Louhans, il vaut, en moyenne, 1,000 francs.

Ainsi, la première récolte de sorgho Franklin
paierait amplement la terre qui l'aurait produite.

Ce résultat est un de ceux que nous avons promis
à nos lecteurs de leur apprendre à obtenir ; ainsi nous
leur avons tenu parole.

Usages des panicules et de la graine de Sorgho Franklin.

Panicules. — Comme nous l'avons dit, le sommet
de cette graminée, c'est-à-dire les panicules, servent
à faire des balais ; on les préfère, pour le foyer et les
appartements parquetés, à ceux qui nous viennent
de la Provence et de l'Italie, parce que ceux qui sont
faits avec le sorgho qu'on cultive à Louhans sont
fournis d'une plus grande quantité de petits filaments,
et, par cette raison, ramassent mieux la poussière.

Après avoir comparé les panicules des deux plantes
dont nous venons de parler, nous avons reconnu que
ces végétaux sont de la même famille, mais non de
la même variété.

Celle qui produit les balais d'Italie est plus blanche;
ses panicules sont beaucoup plus longues et plus
grosses que celles de la variété qu'on cultive à Louhans; la tige de cette dernière espèce est plus tache-
tée de rouge-brun, et les panicules sont également
plus empreintes de cette dernière couleur. Un banquier ayant semé, à Louhans, de la graine de la variété de Provence et d'Italie, la plante n'arriva pas à
maturité; on doit en conclure que le sorgho Franklin doit être préféré à celui de Provence dans les
climats qui ne sont pas chauds.

Il se fait en France une immense consommation
de balais de sorgho; tous les épiciers en ont une
ample provision; le débit en est donc très-facile;
les marchands les vendent 90 centimes la pièce,
quoique nous ne les ayons évalués que 50 centimes.

Graine. — On fait écraser au moulin la graine
de sorgho; elle produit une farine qui serait extrêmement blanche, si les parcelles broyées de l'écorce
ne lui donnaient une teinte rougeâtre.

M. le docteur Caucal pense que, si l'on parvenait à débarrasser cette graine de son écorce, on
pourrait employer très-avantageusement la farine
de sorgho à l'alimentation des hommes. Les expériences suivantes viennent à l'appui de cette assertion :

M. Antoine Godefroi, propriétaire à Louhans, avait
pour domestique un Hongrois, qui s'était fixé dans

ce pays parce qu'il y avait été amené, sous Napoléon Ier, comme prisonnier de guerre. Cet étranger
ayant dit à son maître que, dans son pays (1), le
peuple des campagnes se nourrit de graine de sorgho,
M. Godefroi en fit du pain qui leva bien et qui n'avait
aucun mauvais goût.

Il en fit aussi de la bouillie et des gaufres : tous
ses voisins en mangèrent, et on les trouva très-
bonnes. On ne s'apercevait point, lorsqu'on les avait
dans la bouche, qu'elles fussent d'une pâte diffé-
rente de celle qu'on a coutume d'employer pour cet
usage.

Une autre personne nous a pareillement dit avoir
fait du pain de sorgho ; mais elle prétend que, le
tamis dont on s'était servi n'étant pas assez fin pour
trier les parcelles de l'écorce de la graine, le pain,
qu'on avait bien réussi du reste, était un peu rouge,
ce qui parut un inconvénient ; néanmoins, ce pain
n'avait pas mauvais goût.

Il ne doit pas être impossible de trouver le moyen
de dépouiller la graine de sorgho de son écorce
avant de la faire moudre, ou bien de séparer cette
écorce de la farine, comme on le fait pour le son,
lorsque cette graine est passée au moulin ; alors on
pourrait peut-être l'employer avantageusement en
France à l'alimentation des hommes ; car nous li-

---

(1) La Hongrie se trouve sous la même latitude que les départements d'Indre-et-Loire et de la Côte-d'Or.

sons dans le *Bon Jardinier* de Vilmorin (édition de
1854) : « Le sorgho, sous le nom de *doura*, forme
» la base de la nourriture des habitants de l'Afrique
» centrale. » C'est un précédent qui doit engager à
faire des recherches. Quel événement heureux pour
la société, si l'on parvenait à manipuler la farine
de sorgho de manière à ce que le peuple pût s'en
faire un aliment, car cette plante est la plus féconde
de toutes les graminées, puisqu'elle produit
550 doubles décalitres par hectare, tandis que, d'a-
près la statistique, le froment n'en rend sur le même
espace que 60.

Les regrets que la perte de la pomme de terre
cause à la France seraient moins vifs, et les inquié-
tudes que les disettes occasionnent trop souvent au
Gouvernement cesseraient de se renouveler; il serait
donc utile que les Sociétés d'agriculture, et je di-
rai même l'Etat, promissent une prime considérable
au chimiste ou à l'industriel qui trouverait un moyen
économique de débarrasser la graine de sorgho de
l'écorce qui la recouvre, puisqu'on a lieu d'espérer
que cette découverte serait extrêmement profitable
à l'humanité.

L'augmentation de la population suit, dans certaines contrées de l'Europe, une progression qui
doit faire vivement désirer que l'agriculture fasse des
progrès qui se trouvent en rapport avec l'immense
accroissement de la race humaine.

Mac-Gulloch avait reconnu et prédit l'insuffisance des produits de l'agriculture anglaise en présence de l'accroissement de la population.

D'après le relevé fait en 1851 du mouvement de la population dans tout le royaume-uni de la Grande-Bretagne, il a démontré que, si la population continue de s'accroître dans les proportions qu'elle a suivies de 1801 à 1851, elle doublera toutes les cinquante-deux années et cinq dixièmes, c'est-à-dire que, dans 49 ans, ou en 1903, la population de la Grande-Bretagne sera de 42 millions 243,934 individus, pour lesquels il faudra se procurer, soit sur le sol natal, soit à l'étranger, 42 millions de quarters de blé et de farine chaque année. On a beaucoup fait en Angleterre pour l'agriculture : les grandes découvertes chimiques, les résultats des observations météorologiques, l'extension et l'application des machines, le drainage, les institutions agricoles, théoriques et pratiques, etc., sont de très-grands progrès récemment introduits ; mais combien n'en faut-il pas encore pour suffire à de tels besoins, et pour qu'il ne devienne pas indispensable d'avoir continuellement recours à l'assistance étrangère ?

Nous n'avons pas sous les yeux les documents nécessaires pour certifier l'exactitude de ces calculs, mais d'autres bases nous autorisent à prévoir que, dans cinquante ans d'ici, la population de la France pourra avoir augmenté d'un quart, et si l'on ne prend pas à l'avance des mesures pour subvenir aux besoins de ce surplus, il pourra en résulter de fâcheuses catastrophes pour la société.

En effet, quel eût été l'embarras du Gouvernement pendant le cours de 1854, où les subsistances se sont maintenues à un prix excessif, si la France avait eu un quart de plus d'hommes à nourrir ?

En ce moment, on ne se sert de la graine de sorgho que pour engraisser les bestiaux : les bœufs, les chevaux, les moutons, les cochons, les pigeons, en sont très-avides. Vilmorin prétend que cet aliment n'est pas très-bon pour la volaille; mais M. Caucal nous a affirmé qu'il connaissait des personnes qui ne donnaient pas d'autre nourriture aux hôtes de leur basse-cour, et que ces derniers s'en trouvaient fort bien.

La farine de sorgho Franklin nourrit mieux les bestiaux que le sarrasin; pour engraisser, elle équivaut au maïs. Toutefois, il paraît qu'elle est pour les animaux d'un goût plus agréable que ce dernier, puisque ceux qui sont habitués à en manger la préfèrent à tous les autres aliments, quels qu'ils soient.

La graisse que produit le sorgho est plus ferme que celle que fournit toute autre nourriture. Les bouchers de Louhans paient plus cher une bête, lorsqu'ils ont la certitude qu'elle a été engraissée avec du sorgho. On assure que, tout en remplissant parfaitement l'intérieur des animaux, il agit en même temps comme le seigle, c'est-à-dire qu'il fait très-bien sortir la graisse à l'extérieur; ce qui donne la meilleure apparence aux sujets qui en ont mangé.

Lorsque ce sont des bœufs qu'on veut préparer pour la boucherie, on y parvient en trois mois, en leur donnant à chaque repas : 1° du foin; 2° une ration de racines, soit navets, betteraves, rutabagas, choux, topinambours ou carottes; 3° de la farine de sorgho qu'on délaie d'abord dans de l'eau chaude, à laquelle on ajoute ensuite de la froide; on en donne 1 double décalitre par jour à deux bœufs. Nous avons dit qu'il fallait offrir à ces animaux à l'engrais une ration de racines, avant de leur présenter le sorgho, attendu qu'il est nécessaire de faire consommer la farine dont nous parlons concurremment avec une nourriture rafraîchissante, parce que le sorgho est échauffant. M. Caucal dit qu'il est apéritif; qu'il excite l'appétit et produit sur les bestiaux l'effet que la moutarde exerce sur l'homme, avec cette différence que le sorgho engraisse, tandis que la moutarde n'a pas cette propriété.

Il faut environ 90 doubles décalitres de sorgho pour faire acquérir à deux bœufs les qualités que recherchent les bouchers, et, comme 1 hectare en rapporte 550, il s'ensuit qu'avec la nourriture fournie par cet espace, on peut engraisser douze bœufs.

Si ce sont des moutons que vous voulez préparer pour la boucherie, soit que vous les nourrissiez dans des pâturages de ray-grass ou avec des fourrages hâtifs, faits d'après le système Dezeimeris, soit que vous les alimentiez, si c'est pendant l'hiver, avec des rutabagas, des topinambours, des betteraves ou d'autres racines, après qu'ils auront pris une nourriture un peu rafraîchissante, vous leur donnerez deux fois par jour, dans des auges, une ration de farine de sorgho, calculée de manière à ce que chaque animal en consomme 4 doubles décalitres en deux mois; en sorte qu'avec le produit d'un hectare, vous pourrez engraisser 137 bêtes à laine.

Dans la crainte d'ennuyer nos lecteurs, à force de leur présenter des chiffres, nous n'entrerons pas ici dans le détail des recettes et des dépenses qu'occasionnerait l'engraissement de 12 bœufs ni de 137 moutons par hectare : tous les nourrisseurs, en voyant ce nombre d'animaux, calculeront à l'instant qu'ils auraient à réaliser un immense bénéfice, auquel il faudrait encore ajouter le prix des balais, qui est de 590 fr. par hectare.

Cependant, comme à l'article intitulé : *Rendement du Sorgho*, nous avons estimé la graine de cette plante 2 fr. le double décalitre, et qu'on pourrait nous objecter que, le mérite de cette denrée n'étant pas encore connu, il serait possible qu'on ne trouvât à aucun prix le débit de ce grain, nous allons montrer qu'on peut tirer beaucoup plus de profit en le faisant consommer à des porcs qu'en le vendant la somme que nous l'avons estimé.

Pour engraisser des cochons (cette instruction s'applique surtout aux races anglaises), dans le cas où vous opérerez en été, chaque jour vous leur ferez manger, comme à l'ordinaire, du trèfle; si c'est en hiver, vous leur distribuerez de la manière accoutumée les racines que nous vous avons précédemment indiquées, puis vous leur donnerez, deux fois par jour, une ration de farine de sorgho, que vous calculerez de manière à en faire consommer à chaque animal 20 doubles décalitres en trois mois; d'où il suit qu'avec le produit d'un hectare de cette plante, vous pourrez engraisser 27 cochons.

Et si vous les vendez gras 100 fr. l'un, après les avoir achetés maigres 30 fr. la pièce, ce bénéfice brut de 70 fr. que vous réaliserez par tête vous formera un total de 1,890 fr. pour les 27 animaux que vous aurez engraissés avec la récolte d'un hectare.

Afin de pratiquer la culture en grand du sorgho, vous pourrez faire entrer pour quelque temps les terres de votre domaine dans la rotation suivante, que nous appellerons :

SIXIÈME ASSOLEMENT D'OR

Ou assolement pour engraisser un grand nombre de cochons pendant l'été comme pendant l'hiver.

15 hectares en sorgho et trèfle dedans.
 2   —   en avoine et trèfle dedans.
17   —   en trèfle.
22   —   en topinambours.

TOTAL 56 hectares.

RECETTES.

Avec 15 hectares de sorgho Franklin, vous pouvez engraisser 405 cochons, donnant un gain individuel de 70 fr.; cela fera......... 28,550^f »^{c}

Chaque hectare produisant pour 590 fr. de balais, les 15 hectares en rapporteront pour.. 8,850 »

Huit vaches, en faisant l'ouvrage, rapporteront en fromages....................... 1,600 »

7 hectares de trèfle laissés à la graine produiront 612 kilogrammes 500 grammes; à 80 c. le kilogramme, font.................... 490 »

2 hectares d'avoine rapportent.......... 429 »
(Voir le tableau n° 3).

TOTAL des recettes......... 59,719 »

DÉPENSES.

Frais de culture et de récolte de
15 hectares de sorgho......... 8,550 25
(Voir la page 212).

A reporter.... 8,550^f 25^c 59,7 9^f »^{c}

Report.......	8,550^f 25^c	59,719^f »^c

Frais de culture et de récolte de 22 hectares de topinambours.... 5,696 »

(Voir la page 142).

Frais de culture et de récolte de 17 hectares de trèfle, savoir :

25 kilogrammes de graine de trèfle étant nécessaires pour semer 1 hectare, à 80 c. le kilogramme, font, pour 1 hectare, 20 fr., et pour 17 hectares............... 540 »

On engrangera seulement la première coupe de 10 hectares; les cochons paîtront le reste. Pour récolter 1 hectare de trèfle, on dépense 20 fr.; la récolte de 10 hectares coûtera donc............ 200 »

2 kilogrammes 500 grammes de paille pour litière par jour, pour chaque animal pendant trois mois, pour 405 porcs, font.......... 2,278 12

Intérêts à 8 0/0, pendant trois mois, de la somme qui a servi à acheter les cochons; à 30 fr. l'un, font..................... 243 »

Nourriture et salaire du maître-porcher, pendant trois mois..... 120 »

Nourriture et salaires de deux aides...................... 150 »

Frais de logement des animaux, pour trois mois............. 100 »

A reporter....	15,440^f 57^c	59,719^f »^c

Report.......	15,440f 57c	59,719f »c

Culture et récolte de 2 hectares
d'avoine....................   504 50

(Voir le tableau n° 5).

Pour 40 fr. de graine de trèfle,
pour mettre dans l'avoine, ci....   40 »

TOTAL des dépenses.... 15,981 87   15,981 87

EXCÉDANT des recettes....... 25,757f 15c

Avantages de la culture du Sorgho Franklin.

Les avantages de la culture du sorgho Franklin ressortent assez de tout ce que nous venons de dire, et nous n'ajouterions rien de plus si nous ne craignions pas qu'on révoquât en doute tout ce que nous avons avancé; c'est pourquoi nous engageons ceux qui ne se sentiront pas suffisamment convaincus du mérite de la plante qui nous occupe, de s'adresser à M. le docteur Caucal; le père de cet honorable magistrat est le premier dans l'arrondissement de Louhans qui ait reconnu la valeur nutritive de la plante dont il s'agit. Ce propriétaire éclairé était calculateur, et il répétait souvent à un de ses fermiers, nommé Deliance : « De toutes les » plantes que vous cultivez, mon ami, c'est le balai » (sorgho) qui vous rapporte le plus; semez-en donc » davantage. » Par suite de ces conseils, le fermier étendit peu à peu, sur les terres qu'il exploitait, la culture du sorgho, jusqu'à ce qu'il eût eu, chaque année, une quantité de graines proportionnée au nombre de bestiaux qu'il entretenait.

On s'occupe de plus en plus de cette plante dans l'arrondissement de Louhans, parce que tous ceux qui la cultivent en obtiennent d'excellents résultats.

Les avantages que MM. Caucal père et fils et le fermier Deliance en ont retirés, depuis quarante ans, sont tels qu'il n'est plus permis de révoquer en doute les propriétés extrêmement nutritives et engraissantes de la graine de sorgho. Le mérite de ce végétal a été révélé par une série continuelle d'excellents effets, qui se perpétuent depuis l'époque que nous venons de citer, et non par les éloges qui lui ont été donnés; car le sieur Deliance dissimulait autant qu'il lui était possible, même à ses maîtres, les effets prodigieux que la farine de ce végétal produisait sur ses animaux. Quelquefois ses voisins lui disaient : « Que diable faites-vous donc manger à vos bêtes, père Deliance! elles sont grasses comme si elles allaient pâturer dans l'herbe jusqu'au ventre, tandis que les nôtres n'ont que la peau et les os! » — Ah! mon Dieu, répondait ce fermier, je ne leur donne pourtant que de la paille! L'excellent état de ses bestiaux continuant sans cesse à exciter davantage la curiosité du voisinage, on finit par découvrir qu'après chaque repas, le sieur Deliance donnait à toutes ses bêtes quelques poignées de farine de

16

sorgho, délayée d'abord dans de l'eau chaude, à
laquelle il ajoutait ensuite de la froide, et que c'était,
si nous pouvons nous exprimer ainsi, à ce dessert
que ses bœufs, ses chevaux et ses cochons devaient
la fraîcheur et l'embonpoint qui étonnaient tous
ceux qui les voyaient, surtout pendant l'hiver.
Ce fut alors que M. Didier, propriétaire dans cet
arrondissement, frappé de ces résultats, commença
à s'occuper du sorgho, et qu'il fit cultiver cette
plante par ses fermiers qui, comme le sieur Deliance,
en ont retiré de grands avantages.

Ainsi, dans l'arrondissement de Louhans, ce n'est
pas à titre d'expérience qu'on sème maintenant du
sorgho, c'est avec la certitude d'en retirer beaucoup
d'argent, en vendant des balais et en engraissant des
bestiaux avec l'immense quantité de graines que
cette plante produit.

CHAPITRE XIII.

DU SORGHO SUCRÉ

(HOLCUS SACCARHATUS),

CANNE A SUCRE DU NORD DE LA CHINE.

L'application d'un procédé destiné à extraire un produit nouveau d'un végétal facilement cultivé, la simple acclimatation même d'une plante utile, sont à la fois une bonne fortune pour la civilisation et un véritable capital ajouté à la richesse d'un pays. Le jour où la betterave devint l'élément d'une industrie nationale, non seulement la prospérité de nos départements du nord fut assurée, mais, de plus, l'abaissement du prix de revient d'une des matières de première nécessité fut une source de bien-être à l'intérieur de la France pour les masses, et de richesse pour notre commerce d'exportation.

Or, il est une plante plus riche en sucre que ne

l'est la betterave, et dont la propagation serait on ne peut plus facile, à cause du bon marché de sa culture et de l'utilité de toutes les parties de ce végétal; c'est le sorgho sucré *(holcus saccarhatus)*.

Cette plante, qui appartient à la famille des graminées, est originaire de la Chine; elle a été importée en France par M. de Montigny, notre consul à Shanghaï, elle est une des plus précieuses que possède l'agriculture, car elle produit cinq à six fois plus de graines que le froment et le seigle. Ces graines sont propres à faire du pain, un aliment qui se rapproche beaucoup du chocolat; elles engraissent rapidement tous les bestiaux. Des tiges de cette plante on extrait du sucre et de l'alcool, et on fait un fourrage vert très-productif, car plusieurs agriculteurs prétendent en avoir recueilli cinq coupes pendant le même été. Le fourrage vert produit par cette plante est d'autant plus précieux que c'est pendant les mois de juillet et d'août qu'on l'obtient, alors que la nourriture verte manque généralement dans les fermes. Le jus des tiges de sorgho, mêlé dans la proportion d'un quart à du vin nouveau, rend ce dernier plus alcoolique et d'un goût préférable. Il se trouve dans la graine du sorgho sucré des principes propres à teindre les étoffes de diverses couleurs, suivant que cette graine est travaillée avec différents agents chimiques. Cette plante diffère du sorgho Franklin, ou à balais, en ce que la graine de cette dernière est rouge, tandis que celle du sorgho sucré est noire. Les panicules de celui-ci sont moins propres à faire des balais que celles du sorgho Franklin. Cette dernière variété est beaucoup plus facile à réussir dans les pays un peu froids que le sorgho sucré ; la graine en est au moins aussi nourrissante ; mais les tiges du sorgho à balais ne sont pas aussi avantageuses pour faire des fourrages verts, attendu que les tiges du sorgho sucré sont pleines de moëlle, tandis que celles du sorgho à balais sont creuses.

On peut cultiver le sorgho sucré dans presque toutes les régions de la France comme fourrage vert. Mais pour en obtenir de la graine, il ne convient d'en semer que dans les pays où le maïs et le raisin mûrissent bien. Le sorgho à balais, au contraire, donne de la graine bien mûre dans des pays où la température est peu élevée, tels que la Bretagne et le Jura.

C'est surtout dans les départements du midi de la France qu'il convient de cultiver le sorgho sucré. On peut s'enrichir rapidement en s'occupant de cette plante sur une grande échelle. En effet, on lit dans le n° de la *Gazette de France* du 13 avril 1856 : « Le produit d'un hectare de sorgho, bien cultivé, est de 7,954 litres 68 centilitres d'alcool, qui vaut en ce moment sur les principales places de France 140 fr. l'hectolitre, mais dont il convient de déduire 10 fr. par hectolitre pour le transport, le coulage et les

frais de tout genre, soit 130 fr. l'hectolitre, ce qui
fait une somme de. . . . . 10,341 fr. »
plus 108 kilogrammes 400 grammes
  de cérosie, c'est-à-dire de cire végétale, pouvant valoir.   330   62
plus 20,000 kilogrammes de four-
  rages à 4 fr. le quintal, ci.   800   »
ce qui forme un total brut de. . . . 11,471 fr. 62
dont il faut retrancher les frais; ce
  même journal en donne le détail,
  et il les évalue à 3,158 fr. 40, ci.   3,158   40
    La différence en faveur du béné-
fice net se trouve donc de.   8,313   22

La *Gazette de France* continue en disant : ce bénéfice énorme par hectare serait dû à la cherté ac-
tuelle des alcools; mais en supposant même que ces
alcools tombassent à 70 fr. l'hectolitre, ce qui est cer-
tainement le chiffre le plus bas où ils puissent des-
cendre, le bénéfice total par hectare serait encore de
3,340 fr. 49 c.

L'établissement d'une distillerie de betteraves, d'a-
près la méthode Champonnois, coûte 5,000 fr.; il
faudrait quelques ustensiles de moins pour distiller
le sorgho; conséquemment la dépense serait un peu
moins considérable. Dès lors, en ensemençant trois
hectares en sorgho, on pourrait gagner sa distillerie
dès la première année et avoir en outre un bénéfice
considérable.

Ce sont les tiges de la plante qui contiennent l'alcool. En faire l'extraction est une opération extrêmement simple; elle consiste à couper ces tiges à morceaux, à les écraser et à les presser, ce qui peut s'exécuter à l'aide d'une meule d'huilerie et d'un hache-paille ordinaire, instruments qui se trouvent dans presque toutes les fermes; puis on met les parcelles des tiges et le jus qui en est sorti dans des cuves, où on laisse fermenter; de là on introduit cette macération dans un appareil distillatoire qui en extrait l'alcool.

Les résultats des expériences que des cultivateurs éclairés et d'éminents industriels ont faites sur ce végétal, se trouvent exposés dans le n° 133, 13 mai 1858, du *Moniteur universel*, où l'on voit le passage suivant :

Concours régional agricole d'Avignon, le 9 mai 1858.

« Nous arrivons au produit du concours agricole qui, au point de vue des services immenses que dans un avenir prochain il sera susceptible de rendre au commerce et à l'industrie, nous paraît tenir, avec les animaux reproducteurs, la première place dans l'exposition ; nous voulons parler du sorgho sucré.

» Deux industriels out apporté au concours une série d'échantillons de tout ce qu'on peut extraire de cette plante.

» Le sorgho est, comme on le sait, la canne à sucre de la Chine. On connaît déjà assez cette plante pour que nous soyons dispensé de la décrire plus longuement.

» M. Prieur a groupé, dans un châssis de verre, toutes les métamorphoses qu'il lui a fait subir. Rien n'est curieux comme cette succession de transformations. On voit dans un coin le sorgho en tiges, tel qu'il est alors qu'on le récolte ; à côté, on aperçoit ses fibres converties en fil roulé en écheveau, puis un morceau de toile tissé avec ce fil, et enfin un joli manteau bordé de fourrures dont M. Prieur se propose de faire hommage à S. A. le Prince Impérial.

» Mais l'exposition la plus curieuse et la plus complète de tous les produits extraits du sorgho est celle de M. Sicard. Elle occupe une place considérable qui peut à peine contenir tout ce qu'il a extrait de cette plante. Avec la moëlle intérieure, il a fait du sucre excellent qui peut soutenir la comparaison avec les sucres extraits de la canne des colonies et des betteraves.

» En faisant moudre la graine, il a obtenu des farines et des fécules qu'il a converties en pain et en chocolat, que chaque visiteur peut goûter.

» Il tire du sorgho, et c'est là un point très-essentiel, de l'alcool en qualité supérieure et abondante.

» Nous n'avons fait qu'indiquer les produits principaux extraits du sorgho. Si nous jetons les yeux avec attention sur l'exposition de M. Sicard, nous trouvons qu'il en extrait du vin très-agréable et contenant en grande quantité tous les éléments toniques et fortifiants du vin de la vigne. Il en extrait aussi du papier dont il montre des échantillons. Enfin, à l'aide d'agents chimiques, il en tire du carmin, de la gomme-gutte, de l'encre de Chine, du jaune d'or et du vert. On aperçoit des rubans de soie et des écheveaux de coton, de laine et de fil teints avec le sorgho, dans ces nuances délicates et vaporeuses qu'on ne rencontrait jusqu'à présent que dans les étoffes et les objets venus directement de la Chine ; cette ressemblance parfaite porterait à croire que c'est avec le sorgho que les Chinois se procurent ces couleurs qui n'ont pu être, jusqu'à présent, imitées que très-grossièrement, et que cette plante est la substance tinctoriale qui leur a valu toute leur prétendue supériorité.

» Nous ferons remarquer que tous ces dérivés nouveaux du sorgho sont tout-à-fait trouvés, et qu'on peut dès à présent les livrer au commerce et à l'industrie à des prix parfaitement déterminés. »

La graine de sorgho sucré est susceptible de donner une notable quantité d'alcool comme les autres céréales ; elle en produit autant que la

graine du sorgho à balais qui en fournit 24,75
p. 0/0 de son poids, d'où il suit qu'un hectare
pouvant produire 2,500 kilogrammes de cette graine,
rendrait 618 kilogrammes 95 grammes d'alcool.

Lorsque la tige du sorgho sucré est arrivée à
parfaite maturité, il se développe à sa surface une
efflorescence curieuse semblable à celle de quelques
variétés de cannes à sucre, et qui n'est autre chose
que de la cérosie ou cire végétale ; cette substance est
sèche, dure et peut se pulvériser ; elle est fusible à
une chaleur de 90 degrés ; mêlée à un peu de suif
épuré, elle peut faire des bougies dont la lumière
a le plus bel éclat.

Un hectare peut donner 108 kilogrammes
400 grammes de cette matière ; pour faire cette
récolte, il faut dépenser 252 fr. de main-d'œuvre ;
la cire d'abeilles valant en moyenne 4 fr. le kilogramme, nous n'évaluerons la cérosie qu'à 3 fr.
50 c., ce qui fera une recette de 379 fr. 40 c.
dont il faudra retrancher les 252 fr. de main-
d'œuvre, et il restera un bénéfice net de 127 fr.
40 c. par hectare. Pour recueillir la cérosie, on
gratte la tige du sorgho avec un couteau.

M. Hardy, directeur de la pépinière du Gouvernement à Alger, évalue à 83,250 kilogrammes le poids
des tiges vertes mondées, c'est-à-dire débarrassées
des feuilles et des racines, prêtes à être employées à
la fabrication de l'alcool que produit un hectare, et il

estime que ces tiges contiennent 67 p. 0/0 de jus au moment de la maturité de la graine, et que ce jus renferme 13,30 p. 0/0 d'alcool absolu.

Il résulte des expériences qui ont été faites sur le rendement alcoolique du sorgho que, lorsque la tige de cette plante est verte et la panicule encore absente ou à peine formée, il ne s'y rencontre que des quantités minimes de sucre ; puis cette matière s'accumule dans la tige à mesure que la graine se rapproche davantage de sa maturité.

Le sorgho, dont la graine a bien mûri, contient une proportion de sucre qui dépasse souvent 15 p. 0/0 du poids des tiges. La dessiccation de ces dernières offrirait de grands avantages ; c'est une opération peu coûteuse d'installation, facile à pratiquer dans chaque centre de grande culture, au moyen d'appareils mobiles pouvant être facilement transportés d'un point à un autre; les tiges desséchées pourraient se conserver indéfiniment, être mises en réserve, et servir à alimenter la fabrication du sucre pendant toute l'année.

Du Sorgho comme plante tinctoriale.

Les glumes qui enveloppent la graine de cette plante sont colorées de rouge brun si foncé qu'elles paraissent noires. Cette teinte est due à une matière colorante complexe, condensée dans cette partie du fruit, et qui existe aussi dans les fils radicélaires à leur origine et dans les jeunes bourgeons.

Il y a dans les glumes du sorgho saccharin deux principes colorants : l'un , rouge, peu soluble dans l'eau, mais soluble dans l'alcool, l'éther, les acides et les alcalis ; l'autre, jaune, très-soluble dans l'eau et dans les autres dissolvants, qui n'est pas précipitable dans ses dissolutions comme la matière rouge.

La matière rouge, que l'on peut nommer pur-puroleïne (rouge de houque), se présente sous la forme d'une poudre rouge violette si foncée qu'elle paraît noire ; elle n'a pas d'odeur ; sa saveur, très-faible, est un peu amère et astringeante. La purpu-roleïne est peu soluble dans l'eau froide, mais elle se dissout bien dans l'eau bouillante, dans l'alcool à froid et à chaud et dans l'éther avec couleur rouge. L'acide sulfurique et le chlorydrique la dissolvent avec couleur orange ; la potasse, l'ammoniaque, l'eau de chaux, l'eau de baryte lui communiquent une couleur pensée ; l'alun, une couleur rouge violacé ; le bi-chlorure d'étain, la couleur rose. Elle tache la peau en lilas, couleur que les acides font passer au rouge ; elle n'est pas soluble dans les huiles fixes.

On peut la préparer par plusieurs procédés :

1° On traite les graines par l'acide sulfurique concentré ; on laisse en contact un ou deux jours, puis on délaye dans une grande masse d'eau ; on jette le tout sur un filtre, et on lave jusqu'à ce que la liqueur ne soit plus acide. Le charbon qui reste sur le filtre, mêlé à la matière colorante, est traité par l'alcool chaud et donne une teinture qu'il suffit de distiller et d'additionner d'eau pour obtenir la purpuroleïne en lames brillantes souillées d'un peu de matière grasse. Le liquide retient la matière jaune et un peu de purpuroleïne.

2° On peut traiter les graines directement par l'alcool, et opérer comme ci-dessus sur la teinture alcoolique. L'éther conduit au même résultat.

Usages.

Cette matière colorante peut être utilisée en teintures. En faisant varier les dissolvants et les mordants, on obtient sur des étoffes de coton, de laine et surtout de soie, de belles nuances qui varient autant qu'on peut le désirer dans les bruns, les gris, les rouges, les oranges et les lilas.

La matière jaune que l'on peut nommer xantholeïne (jaune de houque), est très-soluble dans l'eau à froid et à chaud; soluble dans les acides, qui la font virer au jaune orange; les alcalis lui conservent sa couleur. Elle forme avec différents oxydes métalliques des laques roses et oranges.

Cette matière jaune s'obtient en même temps que la matière rouge, et reste en dissolution dans les différents liquides où la purpuroleïne s'est précipitée; mais elle n'est pas pure et elle est mêlée de matière rouge. Le meilleur procédé pour l'isoler est l'emploi de la potasse. On peut la purifier en se servant du procédé indiqué par Kulmann (*Journal de Pharmacie*, t. XIV, p. 355), pour la matière jaune de la garance, que ce chimiste a nommée xanthine.

Ainsi, les graines de sorgho renferment deux matières colorantes qui, appliquées à la teinture, pourront remplacer la garance et donner toutes les nuances que l'on obtient de la racine de cette rubiacée.

La purpuroleïne ne diffère des matières rouges de la garance que par sa non volatilité; la xantholeïne paraît identique avec la xanthine.

Vin de Sorgho.

Il a été présenté à la Société d'agriculture de Vaucluse, par M. Raoux, agent-voyer à Apt, deux bouteilles de vin. Une lettre, accompagnant ces bouteilles, indiquait que l'une contenait du vin ordinaire et l'autre du vin fait avec des raisins auxquels l'auteur avait ajouté *vingt pour cent* de jus de tiges de sorgho sucré. Une commission ayant été nommée pour examiner ces vins, y a trouvé à peu près la même nuance. Quant au goût, les deux échantillons étaient médiocres et verts; mais, à l'unanimité, le vin de sorgho a été préféré au vin de raisins purs; il a paru plus franc et moins pâteux. A l'analyse, le vin de sorgho a donné 12 p. 0/0 d'alcool, tandis que celui de raisin n'en a donné que 11.

En résumé, le vin de raisins additionnés de sorgho, a été trouvé d'un bon goût et préférable à celui de raisins seuls; il était plus alcoolique.

On ne doit pas se bercer de l'espoir de faire, avec une addition de 20 p. 0/0 de jus de tiges de sorgho à du jus de raisin, un vin fin comme celui des meilleurs crus de Bordeaux, mais on fera du vin ordinaire à très-bon marché, qu'il sera peut-être possible de donner à cinq centimes le litre, ce qui le mettra à la portée de ce grand nombre de travailleurs et de malheureux que le prix excessif des denrées a réduit au pain et à l'eau.

Les propriétaires de vignobles auraient tort s'ils croyaient que le sorgho dépréciât leurs propriétés, car il faudra toujours mêler au jus de sorgho une certaine proportion de raisins pour faire quelque chose qui ressemble à du vrai vin, et il est probable qu'il y aura toujours assez de gourmets pour faire valoir le bon vin d'un prix élevé.

La meilleure manière de réussir le vin de sorgho est de verser le jus de cette plante sur du marc de raisin après qu'on a tiré le vin.

Du Sorgho comme plante fourragère.

On lit dans le bulletin trimestriel du comice agricole de l'arrondissement de Toulon (Var), nos 3 et 4, de juillet à décembre 1858 :

Les journaux politiques ont reproduit à l'envi la nouvelle singulière de la mort de vaches qui auraient succombé à la suite de l'usage du sorgho à sucre.

Cette assertion est tellement extraordinaire, qu'elle a provoqué au sein du comice de Toulon une enquête dont les résultats méritent la plus grande publicité.

Le comice de Toulon a été la première association agricole qui ait prôné le sorgho à sucre et proclamé ses avantages. La première publication qui mentionna les nombreuses applications de cette plante précieuse est due à M. le docteur Turrel, secrétaire du comice (rapport à M. le Ministre de la guerre, reproduit dans le bulletin de la Société impériale d'acclimatation). Ce rapport mentionna l'emploi du sorgho à sucre comme fourrage vert. — La première culture, sur une grande échelle, du précieux végétal dont nous nous occupons, est due à M. de Beauregard, président du comice, qui, le premier aussi, a traité le sorgho industriellement, et en a extrait du sucre cristallisé et de l'alcool. M. de Beauregard a aussi employé partie de ses récoltes à l'alimentation du bétail, et voici les intéressants détails qu'il donne sur les résultats de ce régime :

Extrait du procès-verbal de la séance du comice agricole de Toulon, du 5 octobre 1858.

Depuis six semaines, M. de Beauregard nourrit soixante bœufs à l'engrais, uniquement avec du

sorgho, tiges et feuilles vertes; ces animaux ne reçoivent pas un brin de paille, ni d'autre fourrage;
ils sont nourris exclusivement avec le sorgho à sucre
dont ils reçoivent de 32 à 33 kilogrammes par jour.

Pour que cette petite quantité relative de nourriture fraîche suffise à des bœufs à l'engrais, pour
que les animaux se maintiennent dans un état de
santé parfait, car ils prennent de l'embonpoint et
ont la peau souplé et le poil brillant, il faut que la
plante soit très-riche en sucs nourrissants. En effet,
l'équivalent de fourrage sec qu'il faut donner en
vert, est ordinairement trois ou quatre fois le poids
du fourrage pour le maïs, les betteraves et les végétaux analogues; or, la ration de fourrage sec
donnée par M. de Beauregard est de 15 kilogrammes
par jour; il suffit donc de donner un peu plus de
deux fois de ce poids de sorgho vert pour assurer
une alimentation complète.

Il y a plus, outre les soixante bêtes à l'engrais,
M. de Beauregard a vingt bœufs de labour, qu'il
nourrit depuis deux mois exclusivement avec du
sorgho vert et qui, nourris de la sorte, exécutent
tous les travaux de la ferme avec autant d'énergie
que lorsqu'ils recevaient de bon foin; l'état de leurs
forces et de leur embonpoint est très-satisfaisant.

Mme Gérard, qui possède une laiterie de douze
vaches, se plaît à reconnaître que ces animaux recherchent avidement le sorgho à sucre et donnent

17

autant de lait que lorsqu'ils sont à la ration de fourrage et de carottes.

Que deviennent devant ces données positives les
assertions qui tendaient à discréditer ce précieux
végétal pour la nourriture des bestiaux ?

M. de Beauregard donne son sorgho en tronçons
de 5 centimètres de longueur ; il a commencé à le
donner à ses bœufs au moment où les panicules
florales commençaient à sortir ; M. de Beauregard
se propose de continuer à rationner ses bêtes avec
le sorgho jusqu'en décembre, ce qui fera cinq mois
de régime au sorgho, et il a l'intention, cette année, d'essayer de l'ensillage des tiges, recommandé
par M. Pétra, directeur de la ferme-école de la
Saussaye, près Lyon. Cette mise en silos lui permettra de donner à ses bœufs des rations de sorgho
pendant tout l'hiver.

Une circonstance, qui doit être mentionnée parce
qu'elle a sa valeur, surtout pour certaines régions
de l'Afrique, c'est que les bœufs mis au régime du
sorgho ne boivent presque pas, même pendant les
plus grandes chaleurs.

Pour juger combien le sorgho peut être utile
comme plante fourragère, il faut qu'on sache qu'on
peut en retirer d'un hectare 200 quintaux métriques,
c'est-à-dire l'équivalent de 20,000 kilogrammes de
foin sec. Ce produit est énorme, car la luzerne, qui
est une des plantes fourragères qui rapporte le plus,

fournit rarement par hectare 7,000 kilogrammes de foin sec. Le sorgho n'ayant pas besoin d'arriver à maturité pour l'usage dont nous venons de parler, on peut le cultiver dans tous les départements de la France comme plante fourragère. Cette circonstance donne une très-grande importance à ce végétal.

M. de Beauregard ne nourrit ses volailles qu'avec de la graine de sorgho, quoiqu'il ait été dit que cet aliment ne convienne pas aux oiseaux de basse-cour.

Analyse de la Canne de Sorgho. (1)

Eau	**70**
Sels	**0,537**
Sucre . . . . ⎫	
Ligneux . . . . ⎪	
Albumine . . . . ⎬	**29,465**
Matière grasse. . . . . ⎪	
Cérosie . . . . ⎭	

TOTAL. . . **100**

Les **0,537** de sels contiennent :

Silice.	0,062	
Chlore. . . . . ⎫		
Acide sulfurique. . . . . ⎪		**0,537**
— phosphorique . . . . ⎬		
— carbonique . . . . ⎪	0,475	
Potasse . . . . ⎪		
Chaux. . . . . ⎪		
Magnésie . . . . ⎭		

(1) Voir le *Moniteur universel* du 9 mars 1856.

Nous avons cherché quelle est la quantité en poids de tiges, feuilles et graines que peut fournir un hectare de terrain. — Des calculs faits à la suite de pesées exactes ont produit les chiffres suivants.

Un pied fournit en moyenne :

Tiges sans feuilles ni graines. . 250 grammes.
Feuilles vertes. . . . . 70 —
Graines . . . . 60 —

Un hectare peut fournir 120,000 pieds, ce qui donne :

Tiges. . . . . 50,000 kilogrammes.
Feuilles. . . . . 8,400 —
Graines. . . . . 7,200 —

50,000 kilogrammes de tiges pourraient donner 2,100 kilogrammes de sucre, ou 4,000 kilogrammes d'alcool.

Culture du Sorgho.

Les terrains qui conviennent le mieux à cette plante sont ceux où le chanvre vient bien, et ceux qui sont un peu frais et bien amendés. Le moyen le plus sûr pour réussir dans cette culture est de semer la graine de cette plante en mars ou avril, sous châssis de verre, ou bien sur une couche tiède ou dans une bonne exposition, pour repiquer à la distance de 35 à 40 centimètres, après que les dernières gelées du printemps sont passées, c'est-à-dire en mai. Le sorgho sucré talle beaucoup ; chaque pied produit de cinq à six tiges, qui peuvent acquérir 3 à 4 mètres de hauteur. La panicule de graines qui couronne chaque tige pèse, à sa maturité, de 2 à 300 grammes ; aussi le vent renverse-t-il facilement ces tiges, ce qui n'empêche pas les semences et la canne d'arriver à maturité. On estime qu'il y a en moyenne plus de deux mille graines dans chaque panicule.

On sème par hectare, pour fourrage, 30 kilogrammes de graines. Lorsqu'on veut récolter les tiges afin d'en faire du sucre ou d'autres produits industriels, on sème à la volée, par hectare, 15 à 20 kilogrammes de graines; si l'on veut semer en lignes, 4 à 5 kilogrammes suffisent. Avant de confier cette semence à la terre, il faut y donner deux labours très-profonds, afin de rendre le sol très-meuble; puis on fume bien. La graine veut être très-peu recouverte.

Dix à douze jours après que la plante est levée, on la sarcle et on la bine une première fois; puis on la butte trois semaines après.

Manière de faire du sucre pour sa consommation avec des tiges de sorgho.

Pulvérisez de l'écorce de chêne; celle du chêne vert convient le mieux; puis prenez des tiges de sorgho dont la graine soit mûre ou du moins près d'être mûre. Dépouillez ces tiges de leurs feuilles; coupez-les par tronçons; pilez-les dans un mortier, et soumettez-les à une pression énergique. Mêlez le jus que vous obtiendrez par cette opération à de la chaux, qui en neutralisera les sucs acides; puis vous jetterez ce liquide sur un filtre de sable ; après quoi vous le porterez dans un chaudron, en y ajoutant par hectolitre de liquide 1 kilogramme de tan, c'est-à-dire de poussière de l'écorce de chêne, que vous aurez pulvérisée. Alors le feu est poussé vivement, jusqu'à ce que la chaleur du liquide atteigne de 80 à 90 degrés. A cette température, il se formera au-dessus du jus sur lequel vous aurez opéré un coagulum muco-albumineux en couche épaisse de 1 à 2 centimètres.

Filtrez dans la chausse. Le jus, parfaitement limpide, est remis sur le feu avec addition d'un charbon de bois poreux, porté à l'ébullition et concentré pendant une heure.

Passé de nouveau à la chausse, et devenu par cette seconde opération complètement incolore, il est rapproché jusqu'à consistance siropeuse, et ensuite mis à cristalliser.

En suivant les procédés indiqués dans le journal de la Société d'encouragement (baryte caustique, saccharate de baryte décomposé par l'acide carbonique), on obtient un pain de sucre parfaitement cristallisé.

Autre manière de faire du sucre pour sa consommation avec des tiges de sorgho et des betteraves.

Lorsque vous aurez obtenu du jus des tiges de sorgho sucré par les moyens que nous vous avons indiqués dans l'article précédent, et que vous aurez

déféqué ce jus en y introduisant de la chaux, mé-
langez-y une quantité d'alcool égale à trois fois le
volume de ce jus. (Ne vous inquiétez pas de la dépense que vous occasionnera la quantité d'alcool
que vous aurez à employer dans cette circonstance,
attendu que vous récupérerez la presque totalité de
ce liquide dans le courant de votre opération.)
L'alcool précipite la plus grande partie des matières
colorées, astringentes, etc.; il agit comme le noir,
mais avec une bien plus grande énergie; au bout
de quelque temps, un dépôt abondant s'est formé,
et l'on enlève la liqueur limpide de sucre et d'alcool
qui surnage. On chauffe alors ce sirop pour le
cuire. Mais au lieu d'opérer dans des appareils ordinaires, on fait communiquer les chaudières qui
renferment le jus avec des colonnes ordinaires de
distillation; l'alcool, qui est volatil, entre en vapeur, se condense, et se retrouve finalement presque
en totalité; tandis que le jus sucré, suffisamment
évaporé, est abandonné à la cristallisation, et fournit de fort beau sucre de la qualité dite *fine qua-
trième*, c'est-à-dire susceptible d'être immédiatement consommée.

On ferait, par la même méthode, du sucre de
jus de betteraves. Le jus de cette plante s'obtient en
râpant ou en écrasant et pressant la pulpe ou partie charnue des betteraves.

Manière de faire de l'alcool et conséquemment de l'eau-de-vie et de la liqueur avec des tiges de Sorgho.

Pour faire de l'eau-de-vie avec des tiges de sor-gho, il ne faut que deux ustensiles : 1° un vase quelconque pour y faire fermenter le liquide; 2° un alambic pour le distiller. Ce dernier coûte de 100 à 140 fr.; votre pharmacien vous donnera une adresse pour vous en procurer un; à défaut, de-mandez-en à M. Savaresse, fabricant d'ustensiles de chimie, rue des Marais-du-Temple, 42, à Paris. Vous pouvez récolter dans votre jardin assez de sorgho pour payer votre alambic dès la première année. Votre pharmacien vous apprendra en quel-ques mots la manière de vous en servir.

Après avoir obtenu le jus des tiges de sorgho comme il a été dit plus haut, mettez-le dans un vase et placez-le dans une chambre chaude. Au bout de quelques jours, la fermentation s'établira; il se formera une couche au-dessus du liquide, et celui-ci se clarifiera. Lorsque vous verrez que la fermentation aura cessé, mettez le liquide dans la cucurbite d'un alambic et distillez. Vous obtiendrez de l'alcool à 87 ou 90 degrés; pour avoir de l'eau-de-vie, vous ajouterez autant d'eau que d'alcool, et vous obtiendrez de la liqueur en introduisant du sucre dans ce dernier mélange.

Du débit des produits de la porcherie.

On dira peut-être : Vous voulez que nous élevions des cochons anglais que personne ne voudra acheter lorsqu'ils seront à la foire; ce serait une grande maladresse!

Voilà notre réponse : nous habitions un pays où l'on ne veut pour ainsi dire pas d'autres porcs que les Craonais; c'est une des meilleures races françaises. Cependant, lorsque notre porcherie fut suffisamment peuplée, que nous voulûmes vendre de jeunes cochons, nous menâmes, avec ceux que nous désirions débiter, leur grand-père, qui pesait 300 kilogrammes. Toute la journée, il y eut autant de curieux autour de cet animal qu'il s'en trouvait devant les voitures des marchands d'orviétan, et nous vendîmes nos petits porcs 5 fr. par tête de plus que le cours des Craonais; puis un boucher nous acheta leur aïeul 60 c. le demi-kilogramme. Nous retirâmes ainsi 360 fr. d'un seul cochon. Ceci se passa au milieu de la foire, et l'on en parla au loin, si bien que l'on nous retenait nos jeunes cochons à l'avance; ils étaient toujours vendus avant leur naissance; nous les faisions payer, dans le principe, 15 fr. pièce à six semaines; puis nous les mîmes à 20 fr. Il ne nous restait que ceux que nous voulions garder.

Quant aux cochons gras, tout le monde sait que
rien n'est plus facile à débiter. Le porc est d'une
consommation générale à la campagne comme à la
ville. Nous connaissons des charcutiers qui vont s'ap-
provisionner à des distances très-éloignées. Il faut
beaucoup de porcs pour les villes maritimes et beaucoup pour Paris. Ils deviennent faciles à transporter
par les chemins de fer. Des cochons gras ou seulement en bon état sont de l'argent comptant. Ce serait
donc une crainte puérile que de restreindre sa porcherie dans d'étroites limites de crainte de ne pouvoir en vendre les produits.

Si vous croyez avoir plus d'avantages à engraisser
vos cochons l'été que l'hiver, mettez-les dans de bons
trèfles ou dans de bonnes luzernes dont l'herbe,
toutefois, soit tendre. Quand les tiges sont desséchées et dures, elles ne conviennent plus pour les
porcs; il faut alors faire passer la faulx pour les renouveler. Nous avons parfaitement engraissé des
porcs en les laissant manger à discrétion les fourrages verts que nous venons de nommer.

Ceux qui ont, les premiers, cultivé la luzerne en
France s'en sont fort bien trouvés. Nous nous sou-
venons que notre père, qui vendait alors ses prairies
artificielles sur pied, n'en cédait pas un espace très-
grand pour 100 fr.; la graine de luzerne valait alors
1 fr. 50 c. le demi-kilogramme, on pouvait donc
en retirer beaucoup d'argent. Aujourd'hui cette spéculation est usée.

Il en sera de même des industries agricoles que
nous enseignons dans ce livre; les premiers qui les
exécuteront pourront gagner des sommes considérables; puis, peu à peu le niveau s'établira, et, dans
dix ans, peut-être qu'il sera trop tard.

Quelle est celle des deux races qui peut rap- porter le plus de bénéfice, de l'ovine ou de la porcine ?

L'une et l'autre de ces deux races a ses partisans.
Nous ferons observer cependant que la fécondité du
porc, sa robuste constitution et l'avantage très-
grand, à nos yeux, qu'il a sur le mouton de n'être
jamais incommodé par le trèfle et la luzerne, ont
fixé tout d'abord notre attention. Si vous mettez un
troupeau de moutons dans un bon regain de prairies
artificielles, vous risquez de perdre plusieurs animaux; si, au contraire, vous y envoyez un troupeau
de porcs anglais, ces derniers y croissent à vue d'œil.
Quand l'herbe est abondante, ils s'y engraissent sans
avoir besoin d'autres aliments; c'est assurément le
meilleur moyen de vendre son fourrage ou d'en faire
la récolte. Et combien cet usage vous épargnerait
de tracas et de frais, en vous débarrassant de cette
troupe de faucheurs, de faneuses, de ces mouvements
de chars qu'il faut charger et décharger après la
fauchaison ! Lorsque vous faites l'inspection de votre
grenier, de votre saloir, de votre cave et de votre

bourse, vous vous apercevez que le foin qui est dans vos granges vous coûte cher, tandis que, si vous faisiez consommer sur pied une partie de vos fourrages par des cochons, vous n'auriez pas de frais de main-d'œuvre pour cette portion-là, et vous convertiriez immédiatement votre récolte en argent, en expédiant vos porcs sur Paris, même avant qu'ils soient parfaitement gras, parce qu'en été les charcutiers de la capitale recherchent des animaux ayant moins de lard qu'en hiver; ils les veulent seulement en bonne chair.

Vous pouvez vendre un cochon anglais d'un an de 50 à 100 fr., tandis qu'un mouton du même âge ne vous produira que 12 à 15 fr.; enfin, il faut beaucoup moins de capitaux pour monter sur une grande échelle une porcherie qu'une bergerie. Avec 300 fr., vous formerez le noyau d'une porcherie, qui sera considérable au bout de deux ans, tandis qu'il vous faudra beaucoup plus d'argent pour acheter les animaux fondateurs d'une bergerie importante. Cette dernière augmente beaucoup moins rapidement que l'autre, car la brebis n'a ordinairement qu'un agneau par an, tandis que la truie a souvent plus de vingt petits. Ainsi, l'une de ces bêtes semble donc avancer beaucoup plus à produire de l'argent que l'autre. Le point difficile était de trouver le moyen de nourrir des porcs en grande quantité, à bon marché : nous l'avons enseigné.

D'après tout ce qui précède, concluons donc que la vache, le mouton et le cochon sont susceptibles de rapporter des sommes considérables à ceux qui appliqueront à ces animaux le système que nous indiquons.

Ici se termine notre tâche; car nous avons promis :

1° De faire connaître des *moyens faciles pour retirer de la terre quatre fois plus de revenu qu'elle n'en rapporte généralement*. Or, dans l'arrondissement de Louhans (Saône-et-Loire), un hectare s'amodie, en moyenne, 45 fr.; prenant cette somme pour base du prix que cette étendue de terre se loue dans toute la France, notre domaine de 56 hectares coûterait 2,520 fr. par an d'amodiation, et quatre fois cette valeur font 9,080 fr., qui sont beaucoup au-dessous des bénéfices nets que rapportent nos assolements, dont les trois derniers tableaux de notre ouvrage sont le résumé. Nous avons donc rempli ce premier engagement.

2° Nous avons annoncé *que nous enseignerions la manière d'obtenir d'une seule récolte, un produit quitte de tous frais au moins égal à la valeur de la terre employée à cette culture*, et nous avons également tenu parole dans nos chapitres 12 et 13.

Nous avons la profonde conviction qu'on peut mettre à exécution tout ce que nous avons conseillé de faire, parce que nous l'avons mis nous-même en pratique. D'ailleurs, nous prenons l'engagement de faire organiser, au profit des personnes qui le désireront, des domaines qui produiront un revenu analogue à celui que nous annonçons (1).

On dit qu'il faut cent ans à une bonne idée pour faire un pas; conséquemment, nous nous attendons bien à avoir le sort de Cassandre, qui disait la vérité sans qu'on ajoutât foi à ses paroles! Mais si nous ne parvenons pas à être utile, nous aurons du moins la satisfaction d'avoir voulu le devenir.

(1) Ecrire franco à l'adresse qui se trouve sur la couverture imprimée.

APPENDICE.

EXTRAIT

DE

L'ESSAI SUR L'ENTRETIEN DES PORCS,

Par M. YOUNG,

Fermier du comté de Suffolk (Angleterre).

La Société d'encouragement pour les Arts, Manufactures et Commerce de Londres ayant offert un prix de 20 livres sterling ou une médaille de la même valeur, pour le meilleur mémoire sur la manière d'élever et d'engraisser les porcs, j'ai présenté à ce concours un mémoire contenant une suite d'expériences sur cette matière, mémoire auquel on a bien voulu adjuger le prix.

L'entretien des porcs demande une attention particulière; et, dans toutes les fermes où l'on s'en occupera avec attention, les porcs offriront une branche majeure de profits. J'ai fait beaucoup d'essais sur la manière de les nourrir et de les engraisser, même avec des substances qui, ordinairement, ne sont pas employées à cet usage.

Il y a peu de fermiers, en Angleterre, qui connaissent l'importance de cet animal, relativement à
l'exploitation des fermes. Il y a des laiteries dans lesquelles on n'entretient pas la dixième partie des porcs
que l'on pourrait y nourrir convenablement. Un
grand nombre de racines potagères sont récoltées
en abondance, sans être employées à la nourriture
de ces animaux, et, dans plusieurs comtés, on cultive le trèfle en grand, sans se douter combien cette
production est utile pour le même usage. Tous ceux
qui se sont occupés de l'élève des porcs, ne peuvent
que regretter qu'un grand nombre de nos fermiers
négligent une branche d'économie rurale qui, non
seulement serait utile pour le public, mais qui
serait également très-profitable pour les cultivateurs
qui sauraient se livrer à cette industrie. Dans plusieurs comtés, il est d'usage d'employer à l'entretien
des porcs le lait écrémé, le petit-lait et le lait de
beurre. Cette pratique me paraît vicieuse à tous
égards ; car on peut substituer à cette espèce de
nourriture beaucoup d'autres substances.

Je propose, pour cette raison, une méthode dif-
férente de celle que l'on suit ordinairement, et qui
non seulement est plus expéditive, mais, comme
l'a prouvé l'expérience, beaucoup plus profitable.
Le produit de la laiterie, d'après cette nouvelle méthode, ne doit être employé qu'à nourrir les petits
porcs et les truies qui ont des petits. Le nombre de

ces truies, ainsi que celui des petits porcs, doit être alors proportionné à celui des vaches laitières que contient la vacherie. Une autre sorte de nourriture est nécessaire pour l'entretien des truies qui n'ont pas de petits, pour les porcs qui sont à la moitié ou aux trois quarts de leur croissance, ou qui sont parvenus à leur grandeur naturelle, ou qui sont déjà gras. La méthode que l'on suit dans plusieurs de nos comtés prouve que le trèfle est une des meilleures substances pour bien nourrir les porcs. Lorsque ceux-ci sont arrivés à un quart au plus de leur grosseur, ils peuvent être renfermés dans un champ de trèfle jusqu'à ce qu'on juge convenable de l'ensemencer en froment. Les neuf dixièmes des habitants de la Grande-Bretagne douteront de cette assertion; quant à moi, une suite d'expériences m'a convaincu de la réalité du fait. Il est superflu de dire qu'en suivant cette méthode les clôtures sont nécessaires, et ces clôtures doivent être de la meilleure espèce; circonstance qui, dans toute ferme bien entretenue, est un des premiers mérites et d'une utilité majeure. Il est également nécessaire d'entretenir une mare dans une pareille clôture; on peut alors y tenir les porcs depuis la mi-mai jusqu'à la Saint-Michel. On verra, par quelques expériences citées ci-après, que nul emploi du trèfle ne paie plus amplement le fermier que celui-ci. Il y a eu des années où la luzerne m'a paru préférable

au trèfle. Le sainfoin peut également être employé
avec succès. Il ne sera pas superflu ici de faire connaître plus particulièrement aux fermiers combien
est avantageuse pour eux la méthode d'élever, par
le moyen des racines, un grand nombre de porcs,
d'autant plus que cette culture est extrêmement
productive. Il n'y a pas de terrain qui, étant cultivé convenablement, n'en produise abondamment
quelque espèce. La quantité de porcs que l'on
peut engraisser ou nourrir par le produit d'une
acre (34 ares) de racines, doit surprendre tous
ceux qui n'ont jamais fait la même expérience ;
et cette excellente méthode en matière de culture
doit, en général, engager nos fermiers à en adopter
les principes. Toutes les racines doivent être consi-
dérées comme production de jachères, c'est-à-dire
qu'elles sont tout aussi avantageuses pour le sol que
le serait la jachère d'un an, et, si l'on en soigne la
culture comme il le faut, elle est plus avantageuse
et plus productive. En suivant cette méthode, on
trouvera qu'elle est préférable à toute espèce de jachère, et, si on l'adopte, elle rendra le terrain extrêmement fertile. Je mets en fait que cette méthode
d'élever des porcs peut seule relever une ferme qui,
sans le secours d'une grande quantité d'engrais, ne
pourrait se maintenir. D'après cela, le lecteur doit
être convaincu qu'en adoptant la culture des végétaux qui nettoient et améliorent le sol, on ne fait

qu'augmenter le produit d'une ferme. Je crois que l'on peut dire sans exagération que le meilleur sol, d'après cette méthode, peut être amélioré, et que le plus mauvais et le plus appauvri peut être changé en un sol bon et valable, et cela à un prix au-dessous de celui qu'on dépenserait d'une tout autre manière, etc. . . . .

. . . .

. . . .

TABLE DES MATIÈRES.

Le sorgho Franklin appelé aussi en quelques
pays sorgho à balai, est-il de la même variété que la plante connue en Provence et en

FIN DE LA TABLE.